# Debojyoti Halder
# Bipasa Raha

## Impactos Cometários na Magnetosfera Joviana

Debojyoti Halder
Bipasa Raha

# Impactos Cometários na Magnetosfera Joviana

Alguns estudos sobre os processos de plasma na magnetosfera Joviana e os Impactos Cometários na mesma

ScienciaScripts

**Imprint**

Any brand names and product names mentioned in this book are subject to trademark, brand or patent protection and are trademarks or registered trademarks of their respective holders. The use of brand names, product names, common names, trade names, product descriptions etc. even without a particular marking in this work is in no way to be construed to mean that such names may be regarded as unrestricted in respect of trademark and brand protection legislation and could thus be used by anyone.

Cover image: www.ingimage.com

This book is a translation from the original published under ISBN 978-620-7-84326-8.

Publisher:
Sciencia Scripts
is a trademark of
Dodo Books Indian Ocean Ltd. and OmniScriptum S.R.L publishing group

120 High Road, East Finchley, London, N2 9ED, United Kingdom
Str. Armeneasca 28/1, office 1, Chisinau MD-2012, Republic of Moldova, Europe
Printed at: see last page
**ISBN: 978-620-8-17709-6**

# Impactos Cometários na Magnetosfera Joviana


**Debojyoti Halder** e **Bipasa Raha**

*Departamento de Física,*
*R. B. C. Evening College,*
*Naihati, Bengala Ocidental, Índia*
*debojyoti halder@rbcecin*

*Departamento de Física,*
*D. S. College,*
*Katihar, Bihar, Índia*
*bipasa.raha@gmail. Com*

*Dedicado aos nossos pais*

# PREFÁCIO

Este livro baseia-se principalmente na tese de doutoramento intitulada "Alguns estudos sobre os processos de plasma na magnetosfera Joviana e nos seus satélites Galileanos". Modificámos alguns capítulos e acrescentámos algum material novo com o único objetivo deste livro. As referências utilizadas para este livro são também dadas no fim de cada capítulo. Foi também acrescentado um glossário de termos científicos utilizados para facilitar a compreensão de assuntos relacionados.

Do ponto de vista dos fenómenos físicos básicos, Júpiter é considerado o mais interessante dos planetas. Com base em provas de rádio, tem uma imensa cintura de radiação de electrões relativistas e um momento magnético mais de 105 vezes superior ao da Terra. A magnetosfera de Júpiter é muito diferente da da Terra no seu funcionamento fundamental. Esta diferença desafia o nosso pensamento e a nossa compreensão da física da magnetosfera e do comportamento da matéria a uma escala cósmica. A magnetosfera da Terra extrai essencialmente toda a sua energia e uma fração significativa do seu plasma do vento solar, enquanto que, por outro lado, a magnetosfera de Júpiter é alimentada pelo abrandamento da rotação de Júpiter e, de facto, aproximadamente todo o seu plasma magnetosférico tem origem em fontes internas, principalmente do satélite-Io e da ionosfera joviana. Além disso,

Júpiter exibe um comportamento pulsar fraco mas genuíno. Júpiter funciona de forma diferente de outras magnetosferas e permite alargar as nossas concepções para desenvolver melhores teorias sobre a magnetosfera da Terra. Também se liga a objectos astrofísicos distantes para recolher informações sobre eles através de várias formas de deteção remota. Se conseguirmos compreender a magnetosfera de Júpiter e formos capazes de generalizar essa compreensão, ela poderá ser aplicada a sistemas de plasma magnetizado noutras partes do Universo. Poderá ainda fornecer novos conhecimentos sobre as teorias das ondas de plasma dos planetas, bem como sobre o desenvolvimento de técnicas de receção de sinais devidos à emissão radioeléctrica da magnetosfera.

Os sinais Jovianos são uma fonte ideal para a deteção da banda de rádio de ondas curtas de 10 a 25 MHz. A variação desta frequência de penetração torna-se mais elevada com o nível mais alto de atividade solar. A identificação de Júpiter através de investigação pré-telescópica e, subsequentemente, estudos elaborados sobre investigação telescópica terrestre, bem como sobre investigação radiotelescópica, com especial ênfase nas técnicas e instrumentos utilizados para as observações, são alguns dos marcos importantes nesta linha. Utilizando uma antena dipolo simples e um recetor de comunicações com monitorização áudio, os sinais Jovianos podem ser recebidos após calibração adequada. Existem dois tipos de sinais Jovianos recebidos num gravador de cartas. Nas últimas décadas, a partir do início dos anos setenta, registaram-se importantes progressos no estudo de Júpiter. Durante as duas primeiras décadas da sua viagem, as naves espaciais "Pioneer" e "Voyager" contribuíram largamente para a investigação das propriedades físicas, enquanto nos anos seguintes a nave espacial "Galileu" desempenhou o papel principal. Além de tirarem as primeiras fotografias de perto do planeta, as sondas 'Pioneer 10' e '11' descobriram a sua magnetosfera e o seu interior fluido, enquanto as 'Voyager 1' e '2' estudaram as luas de Júpiter e o sistema de anéis, além de descobrirem a atividade vulcânica de Io e a presença de gelo de água na superfície de Europa. A 'New Horizons' é uma nave robótica da NASA

A missão da nave espacial "New Horizons", lançada em 2006, entrou diretamente numa trajetória de fuga da Terra e do Sol com uma velocidade relativa à Terra de cerca de 16,26 km/s e passou pela órbita de Júpiter em 2007. O sobrevoo aumentou a velocidade da "New Horizons" para longe do Sol em cerca de 4 km/s, mantendo a nave espacial numa trajetória mais rápida, a cerca de 2,5 graus do plano da órbita da Terra, para proporcionar o primeiro exame de perto de Júpiter e também foi cientificamente útil em luas grandes e distantes. A nave espacial tem a oportunidade de verificar muitos resultados difíceis, como a relação entre as emissões radioeléctricas decamétricas de Júpiter registadas por radiotelescópios terrestres e a atividade solar, e também de reexaminar o efeito do vento solar em Júpiter e nas suas luas galileanas. Algumas caraterísticas salientes dos satélites de Júpiter, incluindo a estrutura interior dos quatro satélites galileanos e os diagramas em corte que representam a estrutura interior dos mesmos, são úteis para fornecer informações valiosas. Das quatro luas galileanas do planeta Júpiter, Io é a mais interior, cujas caraterísticas orbitais e físicas, incluindo a sua atmosfera única, são objeto de grande interesse. Devido à sua proximidade e propriedades inerentes, o satélite Io interage significativamente com o seu planeta. O papel significativo de Io na formação do campo magnético de Júpiter e a consequente varredura de gases e poeiras da sua fina atmosfera justificam o efeito contrário da interação de Io na contribuição para a magnetosfera do planeta. As quatro luas galileanas de Júpiter, Io, Europa, Ganimedes e Calisto, são normalmente caracterizadas e comparadas com a Lua da Terra. A estrutura complexa da magnetosfera de Júpiter, que inclui um arco de choque, uma bainha magnética, uma magnetopausa, uma cauda magnética, um disco magnético e muitos outros componentes provenientes de várias fontes, incluindo a circulação de fluidos no núcleo, as correntes eléctricas no plasma que rodeia o planeta e as correntes que fluem nos limites da magnetosfera, tem sido cuidadosamente analisada pelos cientistas para examinar a magnetosfera de Júpiter e a sua interação com o vento solar. Como o choque do arco da magnetosfera de Júpiter desvia o vento solar para longe da atmosfera de Júpiter, as partículas carregadas responsáveis pela produção de auroras devem ter origem e aproximar-se de outra fonte. Pensa-se que têm origem nas luas mais interiores de Júpiter, como Io, que orbitam na região do forte campo magnético e das partículas carregadas aprisionadas. O campo magnético de Júpiter e as correntes de co-rotação, bem como o toro de Io e o lençol com um plasmóide em formação são alguns dos aspectos mais importantes.

Devido à presença de campos eléctricos e magnéticos, o comportamento coletivo do plasma desenvolve-se, provocando uma vasta gama de ondas e oscilações nas frequências acústicas, radioeléctricas e ópticas. De facto, Júpiter é uma fonte prolífica de ondas de rádio naturais que provocam emissões de rádio numa vasta gama de comprimentos de onda. A capacidade única de determinação de direcções e a elevada sensibilidade da experiência de ondas de rádio e plasma 'Ulysses' (URAP) forneceram informações e pistas significativas relacionadas com a origem destes sinais de rádio. Os choques de arco são produzidos por um encontro do vento solar supersónico com o "obstáculo" ao seu fluxo apresentado pelo campo magnético. São classificados como "quase-perpendiculares" e "quase-paralelos", dependendo do ângulo entre o campo magnético interplanetário a montante do choque e a normal do choque. A sua distribuição espacial e caraterísticas são interessantes. O forte campo magnético de Júpiter pode capturar partículas carregadas do vento solar e também partículas ejectadas de Io, presas nas cinturas magnéticas internas, que são reflectidas para trás e para a frente entre os pólos magnéticos norte e sul. Em torno do equador magnético de Júpiter, a rotação muito rápida do planeta lança partículas carregadas numa folha de corrente. Este mecanismo de captura e aprisionamento para encontrar uma ligação com a posição relativa de Júpiter e o mecanismo de sincronização para as manchas solares, mostrando particularmente como as manchas solares em torno das órbitas de Júpiter e Saturno são altamente significativas. As ondas de plasma e a formação do arco de choque de Júpiter e um registo do espetrograma frequência-tempo obtido pela "Voyager 1" são utilizados para ilustrar o conjunto de observações do arco de choque de Júpiter obtidas pela nave espacial. A aurora de Júpiter é uma poderosa fonte de energia que produz muito mais energia do que a aurora da Terra. Foram encontradas em Júpiter auroras intensas que brilham perto dos pólos e que se presume terem origem na interação de partículas carregadas com o campo magnético do planeta. Isto é explicado incluindo a formação de pegadas magnéticas distintas das luas maiores de Júpiter nas imagens das auroras. Este mecanismo básico que mantém a co-rotação do plasma na magnetosfera de Júpiter, relacionado com as correntes de reforço, é interessante. Dentro das ovais principais aparecem esporadicamente fenómenos transitórios como arcos e manchas brilhantes, que se considera estarem associados à interação do vento solar. Os parâmetros magnetosféricos e as caraterísticas relacionadas com a aurora de Júpiter, bem como as fortes correntes na magnetosfera de Júpiter responsáveis pela geração de auroras permanentes em torno dos pólos, bem como as intensas emissões de rádio variáveis, são enfatizados para explicar as fontes de origem das auroras de Júpiter.

A formação de Júpiter e as suas diferentes regiões, incluindo a sua grande mancha vermelha, são úteis para fornecer informações futuras. Os limites das zonas e cinturas do planeta apresentam fenómenos complexos de turbulência e vórtice e a estrutura como um todo é dominada pelo comportamento da mecânica dos fluidos. A energia necessária para alimentar toda a turbulência na atmosfera de Júpiter é produzida pelo calor libertado pelo núcleo do planeta. Este facto deve ser considerado de forma elaborada, tanto do ponto de vista teórico como experimental, dando ênfase à temperatura e à pressão no núcleo de Júpiter e no topo, incluindo as velocidades zonais do vento na sua atmosfera, tal como derivado da 'Voyager' 1979-1980 e da Cassini 2000. A Grande Mancha Vermelha, uma tempestade anticiclone situada a 22° a sul do equador de Júpiter, e as propriedades da tempestade vermelha, bem como os factores ambientais associados e possíveis encontros, podem fornecer resultados valiosos. As tempestades e os relâmpagos registados em Júpiter podem ser comparados com os da Terra. A comparação da informação recentemente recolhida sobre a existência de vida, tal como foi obtida no Lago Vostok e no satélite de Júpiter, Europa, está a aproximar-se de resultados interessantes. A partir da consideração do lago da Antárctida, bem como das caraterísticas físicas de Europa e da sua potencial habitabilidade, pode procurar-se qualquer indício positivo relativamente à possibilidade de vida microbiana no seu oceano. A química da atmosfera de Júpiter pode ser alterada em função da altitude e da profundidade, bem como da sua rotação, que é a mais rápida de todos os planetas do Sistema Solar. As medições de IV e rádio mostraram componentes térmicas e não térmicas da radiação emitida por Júpiter e a radiação de sincrotrão contribui para a emissão de ondas de rádio no processo. Os mapas da emissão de sincrotrão de Júpiter obtidos pela sonda Cassini devem ser revistos. As variações da densidade de fluxo a longo prazo na emissão de rádio sincrotrão de Júpiter correspondente ao comprimento de onda de 13 cm são consideradas valiosas para focar um segmento alargado dos dados que inclui o período de passagem da Cassini. As tempestades convectivas de grande escala são um fenómeno comum na atmosfera de Júpiter que é visível em imagens terrestres e de naves espaciais. Estas tempestades convectivas podem afetar a dinâmica da atmosfera global, causando o transporte de energia na camada meteorológica. Em Júpiter, a convecção húmida é um fenómeno poderoso que se presume desempenhar um papel vital na dinâmica atmosférica. Nesta monografia, discutimos de forma elaborada muitas caraterísticas importantes da atmosfera de Júpiter e dos seus quatro satélites galileanos descobertas durante o último meio século, dando prioridade às técnicas empregues, aos resultados obtidos, ao modelo desenvolvido e à ciência envolvida.

Este livro não poderia ser concluído sem a inspiração dos nossos pais Jaydev Kumar Halder, Biswajit Raha, Ratna Saha e Ratna Raha. Os autores agradecem sinceramente a todos os co-autores dos artigos que escrevi e aos editores dessas revistas. Gostaria também de agradecer a todos os nossos amigos, cujos contributos conhecedores proporcionaram uma inclusão valiosa neste livro.

**10 de julho de 2024**
**Bengala Ocidental, Índia**

*Debojyoti Halder*
*Bipasa Raha*

# Índice

# Sobre os autores

**Dr. Debojyoti Halder**

O Dr. Debojyoti Halder concluiu o seu doutoramento em 2016 pela Universidade de Kalyani no domínio da física aplicada. Ele projetou e construiu instrumentos radioastronômicos que incluem o Log Periodic Dipole Array à prova de vento para investigar o comportamento dinâmico do Sol. Já publicou mais de 25 artigos de investigação em revistas internacionais e nacionais de renome. A sua área de interesse inclui a radioastronomia e as aplicações de comunicação. Atualmente, trabalha como Professor Assistente e Chefe do Departamento de Física há 9 anos no Rishi Bankim Chandra Evening College, Índia. Pretende continuar a investigar nos domínios acima referidos no futuro.

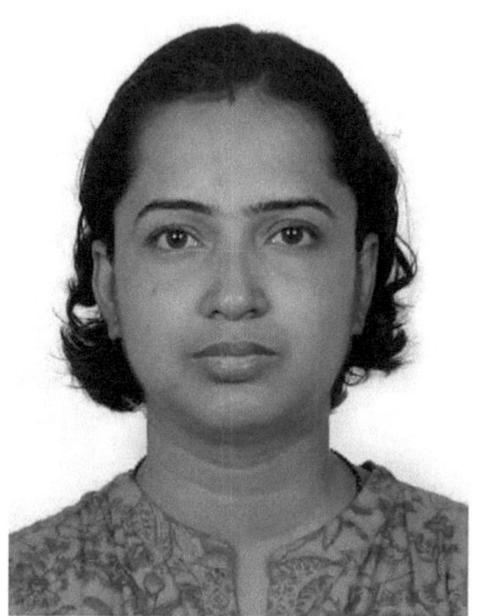

**Dr. Bipasa Raha**

A Dra. Bipasa Raha concluiu o seu doutoramento em 2016 pela Universidade de Kalyani no domínio aplicado da ciência e da tecnologia. Ingressou como professora assistente no Departamento de Física da Universidade Techno India, em Calcutá, Bengala Ocidental. Após um curto período de ensino, ingressou como Professora Assistente e Diretora do Departamento de Física, D. S. College, Katihar, Bihar. Já publicou mais de 50 artigos de investigação em revistas internacionais e nacionais de renome. O seu domínio de interesse inclui a radioastronomia, a física das partículas, a inteligência extraterrestre e as aplicações de comunicação.

# Capítulo 1: Contexto do estudo

## 1.1 Introdução

Do ponto de vista dos fenómenos físicos básicos, Júpiter é considerado o mais interessante dos planetas. Com base em provas de rádio, tem uma imensa cintura de radiação de electrões relativistas e um momento magnético mais de $10^5$ vezes superior ao da Terra. A magnetosfera de Júpiter é muito diferente da da Terra no seu funcionamento fundamental. A magnetosfera da Terra extrai essencialmente toda a sua energia e uma fração significativa do seu plasma do vento solar, enquanto que, por outro lado, a magnetosfera de Júpiter é alimentada pelo abrandamento da rotação de Júpiter e, de facto, aproximadamente todo o seu plasma magnetosférico tem origem em fontes internas, principalmente do satélite-Io e da ionosfera joviana. Além disso, Júpiter exibe um comportamento pulsar fraco mas genuíno. Júpiter funciona de forma diferente de outras magnetosferas e permite alargar as nossas concepções para desenvolver melhores teorias sobre a magnetosfera da Terra. Também se liga a objectos astrofísicos distantes para recolher informações sobre eles através de várias formas de deteção remota. Se conseguirmos compreender a magnetosfera de Júpiter e formos capazes de generalizar essa compreensão, ela poderá ser aplicada a sistemas de plasma magnetizado noutras partes do Universo. Poderá ainda fornecer novos conhecimentos sobre as teorias das ondas de plasma dos planetas, bem como sobre o desenvolvimento de técnicas de receção de sinais devidos à emissão radioeléctrica da magnetosfera. Os sinais Jovianos são uma fonte ideal para a deteção de ondas curtas de rádio na banda de 10 a 25 MHz. As emissões de rádio jovianas foram descobertas pela primeira vez por acaso em comprimentos de onda decamétricos (DAM) na frequência de 22,2 MHz. Utilizando uma antena dipolo simples e um recetor de comunicações com monitorização áudio, os sinais de Júpiter podem ser recebidos após uma calibração adequada. Nas últimas décadas, a partir do início dos anos setenta, registaram-se importantes progressos no estudo de Júpiter.

Devido à presença de campos eléctricos e magnéticos, o comportamento coletivo do plasma desenvolve-se, provocando uma vasta gama de ondas e oscilações nas frequências acústica, rádio e ótica. Os choques de arco são produzidos por um encontro do vento solar supersónico com o "obstáculo" ao seu fluxo apresentado pelo campo magnético. A sua distribuição espacial e as suas caraterísticas são interessantes. O forte campo magnético de Júpiter pode capturar partículas carregadas do vento solar e também as partículas ejectadas de Io, que ficam presas nas cinturas magnéticas internas, são reflectidas para trás e para a frente entre os pólos magnéticos norte e sul. Este mecanismo de captura e aprisionamento para encontrar uma ligação com a posição relativa de Júpiter e o mecanismo de tempo para as manchas solares, mostrando em particular como as manchas solares envolvem as órbitas de Júpiter, são altamente significativas. Foi observada a correlação dramática entre as posições orbitais das luas galileanas Io e a probabilidade de ocorrência e intensidade observadas da emissão radioeléctrica decamétrica esporádica (DAM) de Júpiter. Verificou-se que o satélite de Júpiter, Io, actua como indutor de grande parte da emissão e influencia o carácter espetral da emissão. A aurora de Júpiter é uma poderosa fonte de energia, produzindo muito mais energia do que a aurora da Terra. Os parâmetros magnetosféricos e as caraterísticas relacionadas com a aurora de Júpiter, bem como as fortes correntes na magnetosfera de Júpiter responsáveis pela geração de auroras permanentes em torno dos pólos, bem como as intensas emissões de rádio variáveis, são enfatizados para explicar as fontes de origem das auroras de Júpiter.

## 1.2 Identificação e deteção de sinais de rádio de Júpiter

A identificação de Júpiter através de investigação pré-telescópica foi primeiro apontada. Em seguida, é apresentado um relatório elaborado sobre a investigação telescópica terrestre, bem como sobre a investigação radiotelescópica, com especial ênfase nas técnicas e instrumentos utilizados para as observações. Há dois tipos de sinais Jovianos recebidos num gravador de cartas. Baart e Barrow foram os primeiros a observar as explosões S. Barrow e Baart observaram as rajadas S de fontes Io-B e -C e confirmaram estatisticamente as observações anteriores na gama 18-23 MHz. As rajadas curtas (S) duram apenas alguns milissegundos e descem em frequência com o tempo, enquanto as rajadas longas (L) têm durações de segundos e contêm pistas de modulação que podem subir ou descer em frequência. Foi demonstrado que as faixas de modulação apareciam dentro dos envelopes de emissão. A magnitude dos declives de frequência (f) versus tempo (t) das faixas foi determinada pelo CML de Júpiter, e parcialmente pela longitude de Io. Foi observado que o sinal dos declives dependia apenas do CML. Com instrumentos terrestres, observou-se que as rajadas L de 1 s de duração são geralmente moduladas por cintilações interplanetárias. As intensidades recebidas mostram um máximo em torno de 8 MHz e caem rapidamente acima dessa frequência

A partir de muitas tentativas, os cientistas descobriram que havia três formas de sinais de rádio transmitidos por Júpiter. São elas: (i) Rajadas de rádio decamétricas (com um comprimento de onda de dezenas de metros) que variam com a rotação de Júpiter e são influenciadas pela interação de Io com o campo magnético de Júpiter. Emissões radioeléctricas decimétricas (com comprimentos de onda medidos em centímetros) que foram observadas pela primeira vez por Drake e Hvatum em 1959 [cuja origem era de uma cintura em forma de toro à volta do equador de Júpiter. Kraus relatou pela primeira vez a existência de grupos de pulsos muito curtos (S) na emissão DAM Joviana. A duração desses impulsos varia entre 200 ms e 1 ms e esses impulsos foram mais tarde designados por S-bursts. Os espectros dinâmicos das L-bursts de Júpiter foram observados com espectrógrafos de rádio de alta resolução. As explosões L foram caracterizadas pelos seus envelopes de emissão. A duração dos envelopes varia de um a alguns segundos, aumentando em direção à oposição de Júpiter. As faixas de modulação aparecem dentro dos envelopes de emissão. Os espectros dinâmicos de alta resolução da emissão decamétrica de Júpiter exibem padrões de faixas, referidos como faixas de modulação. Estas faixas aparecem inclinadas no plano ortogonal tempo-frequência e o sinal e a magnitude da sua taxa de desvio foram determinados pela longitude do meridiano central do Sistema III em Júpiter. As faixas foram registadas em rajadas S terrestres, dando origem apenas a um número relativamente pequeno de tipos espectrais básicos. A evolução do protoplaneta Júpiter é seguida, usando um código de computador hidrodinâmico com transporte radiativo de energia. Assume-se que Júpiter se formou como uma sub-condensação na nebulosa solar primitiva a uma densidade suficientemente elevada para que ocorresse o colapso gravitacional. Os resultados são consistentes com a existência de uma fase de alta luminosidade logo após o planeta se estabelecer na sua contração quasiestática final.


## 1.3 O papel da Magnetosfera Joviana nas emissões de rádio

É apresentado um modelo da magnetosfera Joviana em

que a caraterística essencial é uma folha de corrente para leste que forma um anel

com Júpiter no centro. A uma grande distância do planeta, a folha de corrente é quase paralela ao equador de Júpiter mas, em geral, não se encontra nele. Os dados contêm a primeira evidência clara na magnetosfera diurna da folha de corrente, aparentemente associada a forças centrífugas, que era uma caraterística dominante dos dados da Pioneer 10. O campo planetário de Júpiter é ligeiramente mais irregular do que o da Terra. O campo magnético principal de Júpiter foi medido pelo magnetómetro de fluxo do Goddard Space Flight Center na Pioneer 11, e a análise dos dados produz um modelo mais detalhado do que o obtido a partir dos resultados da Pioneer 10. Como resultado da complexidade do campo, espera-se uma divisão da concha $L$ associada nas cinturas de radiação, a deformação dos planos equatoriais das partículas carregadas e efeitos de absorção aumentados devido aos satélites Amalthea e Io. A possível existência de organismos nativos de Júpiter é investigada através da caraterização do ambiente físico relevante de Júpiter, da discussão dos cromóforos responsáveis pela coloração observada do planeta e da análise de alguns nichos ecológicos admissíveis de organismos hipotéticos. Conclui-se que parecem existir nichos ecológicos para os que se afundam, os que flutuam e os caçadores na atmosfera joviana. Mais de mil ocultações de cada planeta do sistema solar ocorreram durante o período de meados de 1973 a meados de

1976, observadas pela nave espacial Radio Astronomy Explorer 2 (RAE 2), em órbita lunar. Essas ocultações foram examinadas em busca de evidências de emissões de rádio planetárias na faixa de 0,025-13,1 MHz. Apenas Júpiter e a Terra deram resultados positivos. Os espectros dinâmicos das explosões S de Júpiter foram observados com receptores de frequência de varrimento e multi-canal operando nas gamas de frequência 21-30 e 20,85-23,20 MHz, respetivamente. Os espectros obtidos com tempo

As resoluções de 0,2, 0,02 e 0,004 s são comparadas, sendo a resolução de frequência de 50 kHz. A aparência mais normal das explosões S foi em comboios com uma gama de frequências da ordem de 1 MHz. A cintilação interplanetária pode ser a causa dos componentes de um segundo do DA Joviano. Verificou-se que as periodicidades mais graves susceptíveis de estarem presentes são dependentes de Io-. Houve pouca ou nenhuma indicação de correlação para eventos relacionados com Io, embora uma periodicidade aproximada de oito dias seja aparente. Foi demonstrado que as actividades de rádio decamétricas não relacionadas com Io (NIR) são afectadas pelas condições do vento solar em torno de Júpiter. Verificou-se que a radiação decamétrica de Júpiter era emitida num feixe de lápis muito estreito, tão estreito como alguns graus, foi obtido através da coordenação de medições da emissão de rádio na Terra e em Marte 7. A probabilidade de ocorrência da emissão era uma função da posição do observador em relação às posições relativas de Júpiter e Io, o satélite mais interno. O DAM joviano tem sido sistematicamente monitorizado durante meio século, desde a sua descoberta, a partir de diferentes estações terrestres de latitude e longitude variáveis. A investigação dos campos eléctricos e magnéticos das ondas de plasma na vizinhança da magnetopausa, utilizando medições recentes, foi feita a partir das naves espaciais ISEE 1 e 2. Observou-se que existe uma forte turbulência de campos eléctricos e magnéticos na magnetopausa. O espetro do campo elétrico desta turbulência estende-se tipicamente por uma gama de frequências extremamente grande, de menos de alguns hertz a mais de 100nkHz, e a turbulência do campo magnético estende-se tipicamente de alguns hertz a cerca de 1 kHz. Foi observado que extensos arcos espectrais de rádio, de mais de 30 a cerca de 1 megahertz, ocorreram em padrões correlacionados com a longitude planetária. Uma fonte de rádio de comprimento de onda quilométrico recentemente descoberta pode estar relacionada com a

toro de plasma perto da órbita de Io. As ressonâncias ondulatórias in situ na zona de maior aproximação definem um perfil de densidade eletrónica ao longo da trajetória da Voyager e formam a base para um mapa do toro. A experiência de radioastronomia planetária da Voyager 2 para Júpiter confirmou e alargou a latitudes xenomagnéticas mais elevadas os resultados da experiência idêntica levada a cabo pela Voyager 1. As emissões quilométricas descobertas pela Voyager 1 estendiam-se muitas vezes a 1 MHz ou mais na Voyager 2 e consistiam frequentemente em rajadas de banda estreita com deriva negativa ou, menos frequentemente, positiva. Com base na tentativa de identificação de emissões de ondas de plasma semelhantes às detectadas pela Voyager 1, o toro de plasma associado a Io pareceu um pouco mais denso para a Voyager 2 do que para a Voyager 1. Um efeito Faraday aparece em frequências decamétricas, que provavelmente resulta da propagação da radiação perto das suas fontes em Júpiter. Finalmente, discutimos a ocorrência de emissão decamétrica em famílias de arcos homólogos. Acredita-se que as caraterísticas semelhantes a arcos são geradas na frequência local do eletrão-ciclotrão através do mecanismo do maser de ciclotrão. Foi demonstrado que a emissão de rádio DAM de Júpiter depende da estrutura do campo magnético interplanetário. O vento solar desempenha um papel no controlo das radiações não-Io. Foram feitas medições extensivas de iões positivos e electrões de baixa energia durante o encontro da Voyager 1 com Júpiter. O choque de proa e a magneto-pausa foram atravessados várias vezes a distâncias consistentes com variações na pressão do vento solar a montante medidas na Voyager 2. Durante a passagem de entrada, a densidade numérica aumentou seis ordens de grandeza entre a travessia da magnetopausa mais interior, a cerca de 47 raios de Júpiter, e a aproximação mais próxima, a cerca de 5 raios de Júpiter; o fluxo de plasma durante este período foi predominantemente na direção da rotação de Júpiter.

Por argumentos geométricos é possível explicar alguns dos pormenores da dependência das fontes de rádio decamétricas de Júpiter da posição da lua galileana mais interior Io e da longitude do Sistema Joviano III. Para frequências mais baixas, as observações indicam que a radiação dependente do Iodo é emitida em todas as longitudes. Foi apresentado um modelo analítico não linear dos tubos de corrente Alfvén que continuam em correntes através de Io (ou melhor, da sua ionosfera) geradas pelo efeito indutor unipolar devido ao movimento de Io em relação ao plasma magnetosférico. Foi demonstrado que Io é único entre os satélites Jovianos por várias razões. Estas incluem a sua ionosfera resultante de gases vulcânicos ionizados. Foi também referido que Amalteia está provavelmente fortemente acoplada à ionosfera de Júpiter, enquanto os satélites galileanos exteriores podem ocasionalmente experimentar condições super-alfvénicas. A abundância de hélio na atmosfera de Júpiter é derivada dos dados da Voyager 1 por dois métodos. O primeiro método usa apenas espectros infravermelhos de locais selecionados no planeta, enquanto o segundo método usa um perfil térmico derivado independentemente de medições de ocultação de rádio e espectros infravermelhos registados perto do ponto de ocultação. Foi observado que as condições geométricas necessárias e o sentido de polarização preferido para a emissão decamétrica relacionada com o Io observada pela Voyager a partir de cima dos hemisférios diurno e noturno são basicamente os mesmos que os observados em estudos baseados na Terra. As observações radioespectrais das naves espaciais Voyager 1 e 2 mostraram que a emissão tem uma aparência distinta de arco num espetrograma de frequência-tempo. Foi demonstrado que tanto as observações da Voyager como as observações terrestres confirmaram a existência de uma relação linear entre as posições, em longitude do meridiano central, do centro da fonte Non-Io A e a latitude Jovi-gráfica. Foi proposto que o grande número de arcos decamétricos foi causado por múltiplas reflexões de um sistema de corrente de onda Alfven excitado por Io. As estimativas do coeficiente de reflexão na ionosfera e outros processos de amortecimento mostraram que pode ocorrer um grande número de reflexões, com o sistema de corrente de ondas Alfven possivelmente a estender-se completamente à volta de Júpiter. Um modelo do toro de plasma de Io foi construído usando as medições de plasma in-situ da Voyager 1. Um gradiente acentuado na temperatura do plasma de $\sim 7 \times 10^5$ K $R_j$- a 5,7 $R_j$ divide o toro em duas partes, uma região interna fria, onde os iões estão confinados ao equador centrífugo, e uma região externa quente, que inclui a órbita de Io e tem uma altura de escala de espessura de 1 $R_j$. Foi apresentado um modelo que pode explicar várias caraterísticas dos arcos espectrais dinâmicos observados em comprimentos de onda decamétricos pela experiência de radioastronomia planetária nas Voyagers 1 e 2. No modelo, o ângulo do cone de emissão da folha é escolhido para variar com a frequência, de modo a ser relativamente pequeno em frequências altas e baixas, mas aproximadamente 80° em frequências intermédias. O padrão de emissão resultante, tal como é visto por um observador distante, assemelha-se ao padrão de arco observado. Uma análise dos espectros dinâmicos da emissão Joviana DAM (1.3-40 MHz) foi feita a partir de dados da Voyager; parece que as diferentes 'fontes' Jovianas podem ser definidas por caraterísticas espectrais, mais do que por probabilidade de ocorrência. A emissão não-Io consiste em duas famílias: arcos iniciais de vértice (VEA) e arcos tardios de vértice (VLA). Estas duas famílias estão sobrepostas em todas as longitudes, mas uma é sempre mais intensa do que a outra. As caraterísticas das duas famílias são especificadas, tendo sido demonstrado que a família VEA é mais estável no tempo do que a família VLA. As fontes controladas por Io não são afectadas por estes efeitos locais no tempo. Foi demonstrado que o padrão espetral e temporal de "arcos aninhados" do espetro radio-dinâmico decamétrico de Júpiter pode ser interpretado apenas como a difração de uma fonte de rádio por uma estrutura de plasma que muda de fase, localizada permanentemente na magnetosfera de Júpiter e que gira com o planeta. Foi proposto um modelo de cone de emissão de linhas de campo que se ajusta aos perfis tempo-frequência dos arcos decamétricos emitidos pelo sistema de Júpiter.

## 1.4 Experiências Astronómicas na Magnetosfera do Planeta Júpiter

A experiência de radioastronomia planetária (PRA) das naves espaciais Voyager 1 e Voyager 2 revelou uma forte radiação sob a forma de arcos quando os dados foram apresentados em coordenadas tempo-frequência. Um estudo dos espectros decamétricos de banda larga de Júpiter observados em França permite distinguir claramente três tipos de estruturas semelhantes a faixas, cada uma com caraterísticas espectrais definidas. Verificou-se que uma delas tinha origem ionosférica terrestre. As outras, as "pistas de modulação" e uma nova classe de modulações designadas por "pistas de alta frequência", são de origem Joviana. Foi previsto que a radiação poderia ser produzida ao longo de linhas de campo, intersectando a órbita de Io em latitudes mais altas do que o pé das linhas de campo de Io, principalmente na região magneticamente ligada à cauda magnetosférica, o que poderia ser consistente com o facto de que as emissões não-Io, e não as de Io. Um argumento é dado com base na persistência da Grande Mancha Vermelha de Júpiter na compensação do decaimento natural da vorticidade por colisão com uma porção dos vórtices derramados pelo limite Sul da Zona Tropical Sul. O GRS em si é considerado como um vórtice de Rankine com uma depressão central revelando a coloração de uma camada abaixo. Verificou-se que em ambas as gamas de frequência abrangidas (16,7 MHz e 22,2 MHz), a atividade do DAM Joviano aumenta à medida que estes limites de sector passam por Júpiter. O vento solar desempenha um papel no controlo das radiações não-lo. Foi revelado que o espaçamento real variaria com a longitude no toro de plasma devido à alteração da velocidade local da onda Alfvén e da orientação e intensidade do campo magnético. A emissão do tubo de fluxo instantâneo de lo foi identificada. Isto torna possível um mapeamento das emissões nos tubos de fluxo causais para uma gama significativa de longitudes Jovianas (240°-360°). Aqui propusemos uma explicação de uma assimetria na probabilidade de ocorrência da radiação decamétrica Joviana dependente de lo. Descobriu-se que esta assimetria surge porque quando lo está na parte norte do toro, são geradas ondas Alfvén mais intensas propagando-se para sul do que para norte. Foram estudadas as flutuações a longo prazo da emissão Joviana nos comprimentos de onda de hectómetros e quilómetros. Foi demonstrado que estas emissões são fortemente afectadas pela estrutura do sector magnético de Júpiter. Verificou-se que o meio-ângulo do cone oco pode ser estimado a partir dos dados da Voyager entre 70° e 80°. Maeda e Carr identificaram casos em que as estações terrestres e ambas as naves espaciais Voyager registaram o mesmo evento de emissão de tempestades não-lo A. Eles demonstraram que os eventos eram devidos à rotação de um feixe de radiação de folha curva emitido continuamente. Os espectros da experiência IRIS da Voyager 1 confirmam a existência de uma emissão infravermelha reforçada perto do pólo magnético norte de Júpiter em março de 1979. As caraterísticas espectrais da emissão aumentada são consistentes com uma função fonte de Planck. Foi observado que as ondas Alfven desempenharam um papel importante nas emissões relacionadas com Io-.

As observações do vento solar perto de Júpiter são comparadas com a emissão radioeléctrica decamétrica (DAM), usando dados registados pela Voyager 1 e pela voyager 2 durante 1979. Verifica-se que a DAM Não-Io, registada por ambas as naves espaciais e combinada usando a técnica da época sobreposta, está correlacionada com a densidade e velocidade do vento solar, bem como com a magnitude do campo magnético interplanetário (IMF). Isto indica que o DAM Não-Io está de alguma forma associado à estrutura do sector magnético. Foi demonstrado que as partículas do halo não são predominantemente dispersoras de Rayleigh; elas parecem obedecer a uma distribuição de tamanho semelhante à da população de tamanho mícron no anel principal, e compreendem uma profundidade ótica semelhante. Uma série de vazios de plasma ("dropouts") foi observada pela experiência Plasma Science (PLS) na magnetosfera de Júpiter durante o encontro da Voyager 2 com esse planeta. Uma reanálise dos dados da Voyager 2 levou à conclusão de que o fenómeno dos "dropouts" não pode ser uma manifestação de uma onda de plasma produzida por Ganimedes. Estes desvios são prova de um estado de "borbulhamento" da magnetosfera. Foi demonstrado que as emissões de rádio Jovianas são complementares. A observação de cintilações interplanetárias (IPS) da emissão rádio decamétrica de Júpiter fornece informações sobre a estrutura e a posição das fontes de emissão. O mecanismo de emissão era o mesmo para fontes controladas por Io- e independentes de Io-. Genova e Aubier estudaram os espectros dinâmicos registados pela experiência PRA das naves espaciais Voyager. Analisaram duas componentes das emissões, arcos maiores e menores, que foram vistos acima e abaixo de 15 MHz, respetivamente e observaram eventos Io-B, -A, -A' e -C e os eventos não-Io-B, -A e -C.

## 1.5 Processos de Plasma na Magnetosfera de Jovian e Io

Há muito que se observam grandes vórtices estáveis isolados na atmosfera de Júpiter e, mais recentemente, em Saturno. A existência de tais vórtices estáveis em atmosferas planetárias fortemente turbulentas é um problema difícil na mecânica dos fluidos. A experiência de Radioastronomia Planetária (PRA) da Voyager revelou "arcos" proeminentes quando a intensidade de rádio a 1-40 MHz foi apresentada em coordenadas tempo-frequência. Estes dados são consistentes com múltiplas correntes que fluem ao longo de tubos de fluxo magnético Joviano separados longitudinalmente, cada corrente irradiando conicamente em ângulos até $\sim 90°$. O espaçamento entre arcos PRA adjacentes, e também entre segmentos de arco S burst adjacentes observados no Observatório NANÇAY, foram analisados e considerados tão breves, menos de 1-3 min, que ou essas correntes e quaisquer ondas Alfvén associadas sobrevivem por pelo menos algumas circulações de Júpiter por Io (uma hipótese independentemente apoiada pelas observações de arcos em todos os ângulos de fase de Io) ou cada uma dessas correntes Alfvén pode irradiar em vários ângulos de cone diferentes simultaneamente (uma hipótese independentemente apoiada pela observação de tal comportamento nos arcos de explosão S). Um estudo preliminar do espaçamento decamétrico dos arcos na fase de Io a uma longitude fixa indica que as emissões Iomoduladas A e B consistem numa série de rajadas de emissão correspondentes ao padrão das asas de Alfvén geradas por Io. Foram apresentados resultados preliminares de uma síntese de modos próprios das ondas Alfven lançadas por Io. Verificou-se que surgem várias periodicidades importantes. As observações da emissão decamétrica revelaram estruturas de rádio finas, médias e de grande escala. Sugeriu-se que as reflexões das ondas Alfven poderiam ser identificadas não com arcos individuais mas com certas estruturas de arcos de longa duração, tal como observado nos dados espectrais dinâmicos da Voyager. Foi demonstrado que uma simulação de magneto-hidrodinâmica (MHD) tridimensional dependente do tempo do fluxo de plasma que passa pelo satélite de Júpiter, Io. Riihimaa atribuiu um pequeno alfabeto a cada tipo de estrutura para distinguir uma explosão S de outra.

Foi proposto que o Io-DAM é produzido ao longo de linhas de campo que atravessam a esteira de plasma denso e estagnado descoberta por Galileu. As ondas magneto-hidrodinâmicas (MHD) foram investigadas até à vizinhança de Io; ninguém foi mais longe para investigar as consequências da propagação dessas ondas na região do forte campo magnético acima da ionosfera. As medições de plasma feitas durante o sobrevoo de Io em 7 de dezembro de 1995 com os analisadores de plasma da nave espacial Galileu revelaram que a nave espacial passou inesperadamente diretamente através da ionosfera de Io. A ionosfera é identificada por plasma denso que estava em repouso em relação a Io. Os espectros das ondas de plasma da camada limite da magnetopausa de Jovian (BL) de10-3 a 102 Hz foram medidos pela primeira vez. Embora não tenham sido detectadas amplitudes de onda mensuráveis acima da frequência do giroscópio de electrões, ~140 Hz, esta descoberta pode dever-se à baixa intensidade de sinal caraterística desta região. O rácio B'/E' é relativamente independente da frequência. É possível que as ondas sejam ondas de modo whistler que se propagam obliquamente. Os espectros B' e E' são de banda larga sem picos espectrais óbvios. O movimento de partículas no disco magnético de Jovian é simulado numa estrutura rigidamente co-rotativa. Os resultados são comparados com os dados existentes da Pioneer e da Voyager para determinar a exatidão do modelo de simulação. As órbitas das partículas são classificadas em três classes distintas, com base em formações disjuntas no espaço de fase, e algumas órbitas apresentam propriedades caóticas. Foram apresentados os primeiros resultados da aplicação de um modelo MHD ideal tridimensional multi-escala para o fluxo carregado de massa do plasma magnetosférico co-rotativo de Júpiter que passa por Io. O modelo foi capaz de considerar simultaneamente condições fisicamente realistas para a carga de massa de iões, arrastamento neutro de iões e campo magnético intrínseco num cálculo global completo sem impor dissipação artificial. Aqui comparam-se os resultados dos cálculos magneto-hidrodinâmicos da interação de Io com o toro de plasma com as observações do sobrevoo da Galileu. Foram considerados modelos de Io condutores e intrinsecamente magnetizados. Ambos os modelos podem reproduzir muitas das caraterísticas observadas da interação, incluindo uma elevada densidade do plasma, uma baixa temperatura do plasma e uma depressão significativa da magnitude do campo magnético na esteira de Io. É amplamente reconhecido que Io, o mais interior dos satélites galileanos, liberta matéria para a magnetosfera joviana em rotação rápida a taxas que podem atingir uma tonelada por segundo. Após a ionização, este plasma de iões pesados domina a dinâmica da magnetosfera joviana. Em média, este plasma deve ser perdido a uma taxa que equilibra a sua geração, mas não se sabia se este processo era constante ou intermitente. As medições do magnetómetro Galileu sugerem que este processo é instável. A região da magnetosfera joviana entre 10 e 24 raios planetários é uma região de campo magnético forte, quase dipolar, através da qual o plasma adicionado ao toro de Io tem de passar à medida que se condensa e difunde para a região do disco magnético e, por fim, se perde na cauda. Foi demonstrado que as flutuações magnéticas podem ser usadas para diagnosticar os processos presentes neste plasma. Foi desenvolvido um modelo tridimensional, estacionário, de plasma de dois fluidos para electrões e uma espécie de ião, para compreender a interação local da atmosfera de Io com o toro de plasma de Io e a formação da ionosfera de Io. O modelo calcula, de forma auto-consistente, a densidade do plasma, a velocidade e as temperaturas dos iões e dos electrões, e o campo elétrico para uma dada atmosfera neutra e para as condições impostas pelo toro de plasma de Io, mas assume para o campo magnético o campo homogéneo constante de Joviano. Foi desenvolvido um modelo do sistema de corrente alinhado com o campo na Magnetosfera de Júpiter, particularmente perto do toro de plasma de Io, com base em duas caraterísticas importantes: (i) fluxo de plasma cisalhado em torno de Io, e (ii) injeção de massa da atmosfera de Io neste movimento.

Enquanto a magnetosfera externa de Júpiter é muito dinâmica, carregada pela massa da lua Io, a magnitude do campo magnético nas magnetosferas interna e média é muito estável. Assume-se que os pequenos desvios com variações de órbita para órbita são causados por variações na corrente do magneto-disco. Os autores desenvolvem um índice da corrente do magneto-disco a partir de modelos do campo interior e exterior, subtraindo estes modelos às observações, ajustando os efeitos a longo prazo e deixando as variações órbito-órbita. Estudos anteriores baseados em terra e em naves espaciais mostraram que a corrente Galileana

A lua Io pode controlar uma parte da emissão de rádio Joviana. Estudos mais recentes utilizando as naves espaciais Galileu e Voyager também mostraram que a fase orbital de Ganimedes e Calisto desempenham um papel em algumas das emissões radioeléctricas decamétricas (DAM) de baixa frequência de Júpiter. As principais caraterísticas da principal oval auroral no sistema de Júpiter são consistentes com uma origem nas correntes de acoplamento magnetosfera-ionosfera associadas ao afastamento do plasma da co-rotação rígida na magnetosfera média, especificamente com a região interna de corrente alinhada com o campo dirigida para cima a partir da ionosfera para a magnetosfera. Os choques lentos MHD foram produzidos pelo fluxo de plasma injetado por Io, que foi considerado como uma fonte de partículas ionizadas. A propagação dos choques lentos foi calculada ao longo de um determinado tubo de fluxo magnético de Io para Júpiter. As imagens aurorais de Júpiter revelam uma assinatura distinta da esteira corotacional a jusante de Io, bem como da própria Io. A assinatura da esteira pode ser entendida como um produto da corrente de plasma que acelera o tubo de fluxo carregado de massa de Io até (quase) a corotação com Júpiter. A intensidade das ondas Alfven de pequena escala maximiza-se nas linhas de campo auroral. Foi demonstrado que a estrutura do campo de cisalhamento observada requer corrente alinhada ao campo que flui em direção à ionosfera de Júpiter dentro da magnetopausa mas para além de 100 RJ. A parte eletrodinâmica da interação de Io foi melhor descrita como uma interação do tipo ionosfera em vez de uma interação do tipo cometa. Foi derivada uma expressão analítica para as taxas totais de impacto de electrões para a atmosfera de Io, que era independente de qualquer modelo particular para a interação 3D dos electrões do toro com a sua atmosfera. A interação entre Io e Júpiter foi dramaticamente ilustrada por imagens ultravioletas e infravermelhas da ionosfera de Júpiter. Foram observadas emissões aurorais brilhantes na base do tubo de fluxo de Io, com emissões na pegada da esteira de Io que se estendem a grandes distâncias a jusante (cerca de 100° em torno de Júpiter). Usando uma simulação global magneto-hidrodinâmica (MHD) da interação da magnetosfera de Júpiter com o vento solar, Walker e Ogino investigaram o efeito do vento solar na estrutura das correntes na magnetosfera de Júpiter. Foram investigados os espectros de Wavelet da radiação S-bursts simples do decâmetro de Júpiter. Foi encontrada uma clara modulação de milissegundos nos sinais de S-burst simples e complexos e foram avaliados os parâmetros de média e o comportamento caraterístico da microestrutura interna de S-burst. Foi possível demonstrar que a explosão S simples é constituída por uma série de impulsos separados com uma duração de 50 a 250 microssegundos. Foi proposto que a informação estatística sobre o feixe de componentes de rádio Jovianos também pode ser estimada em cada frequência, comparando a intensidade de emissão integrada sobre o feixe com a média sobre a rotação completa.

Foi sugerido um modelo global da magnetosfera de Júpiter, válido não só no plano equatorial, mas também a altas latitudes e nas regiões exteriores da magnetosfera. O modelo inclui o dipolo Joviano, o magneto-disco e o sistema de correntes de cauda. As correntes de cauda foram combinadas com as correntes de fecho da magnetopausa. Todas as fontes de campo magnético da magnetosfera interna são protegidas pelas correntes da magnetopausa. A emissão esporádica de decâmetro (DAM) de Júpiter representa um fenómeno excecional devido à sua extraordinária variedade no plano frequência-tempo. O espetro dinâmico, uma apresentação em frequência e tempo, tem uma estrutura hierárquica muito complexa. Dependendo da resolução temporal alcançada na experiência, bem como da escala temporal de visualização, foram realçadas diferentes caraterísticas dos espectros de radiação. O estudo prova uma possível relação entre as explosões S e as ondas Alfvén aprisionadas na ionosfera superior de Júpiter. Os modos próprios das ondas Alfvén inerciais na ionosfera de Júpiter foram previstos como tendo frequências (~20 Hz) que correspondem à frequência de repetição das explosões S e os dois fenómenos estão co-localizados, sugerindo que tal associação é possível. Júpiter é um planeta de superlativos - o planeta mais maciço do sistema solar, gira mais depressa, tem o campo magnético mais forte e tem o sistema de satélites mais maciço de qualquer planeta. Estas propriedades únicas dão origem a vulcões em Io e a uma população de plasma energético aprisionado no campo magnético que proporciona uma ligação física entre os satélites, particularmente Io, e o planeta Júpiter. Tal como na Terra, uma questão importante do sistema joviano é a forma como o plasma magnetosférico está acoplado à ionosfera do planeta.

São consideradas evidências de modulação periódica da emissão de rádio DAM de Júpiter. Foram discutidas informações sobre a localização de fontes relacionadas com Io e não-Io e as suas caraterísticas. O momento magnético e o desvio derivados das medições da Pioneer representam uma melhoria significativa no nosso conhecimento do campo planetário. É apresentado um modelo da magnetosfera de Júpiter em que a caraterística essencial é uma folha de corrente para leste que forma um anel com Júpiter no centro. A uma grande distância do planeta, a folha de corrente é quase paralela ao equador de Júpiter mas, em geral, não se encontra nele. A origem da folha de corrente parece ser a força centrífuga muito grande, associada ao grande tamanho de Júpiter e à sua rápida rotação, que actua sobre o plasma magnetosférico de baixa energia. As quatro luas galileanas de Júpiter, Io, Europa, Ganimedes e Calisto, foram caracterizadas e comparadas com a Lua da Terra. São apresentadas algumas propriedades fundamentais das luas regulares e irregulares do sistema joviano. As ressonâncias de Laplace de Io, Europa e Ganimedes foram focadas e algumas informações relacionadas com a distância das luas a Júpiter, o período orbital, a massa e o raio foram tidas em conta para as classificar. A absorção de partículas de alta energia pelos anéis e luas de Júpiter a partir das cinturas de radiação foi analisada e os toros de plasma na vizinhança das órbitas das luas, tal como criados por Io e Europa, são examinados de forma elaborada. As caraterísticas variáveis das pequenas e grandes manchas vermelhas de Júpiter foram analisadas com base nos dados disponíveis e nos resultados publicados por várias naves espaciais. A abordagem teórica para determinar a excentricidade, a vorticidade relativa e o número de Rossby foi apontada pela primeira vez. Os aparecimentos e desaparecimentos das manchas são categorizados com ilustrações e gráficos de dispersão. A distribuição dos seus tempos de vida foi examinada criticamente e o perfil do vento zonal de Júpiter, obtido da Cassini através da aplicação de dois métodos diferentes, é considerado, incluindo uma comparação entre a distribuição das manchas em latitude e o perfil do vento zonal. Finalmente, a velocidade relativa versus a velocidade zonal média foi analisada criticamente e foi efectuada uma comparação multi-comprimento de onda do LRS e do GRS. O padrão de nuvens encontrado em diferentes cinturas de Júpiter e a estrutura vertical de sua atmosfera são examinados, indicando como a pressão cai com a altitude. As abundâncias elementares relativas ao hidrogénio para o Sol e as de Júpiter para o Sol foram tidas em conta, bem como as caraterísticas únicas das cinturas e zonas que dividem a atmosfera de Júpiter foram consideradas a partir das regiões polares norte e sul, incluindo as bandas de nuvens de Júpiter. O mapa mais pormenorizado de Júpiter alguma vez produzido, obtido com a Cassini e com a sonda New Horizons, que passou por Júpiter para uma assistência gravitacional, será analisado em pormenor. O potencial de colonização da atmosfera joviana e os principais problemas do envio de sondas espaciais para esse ambiente serão tidos em conta, indicando as missões actuais e propostas. Para além dos resultados das ondas de rádio e plasma de Ulisses (URAP), serão considerados outros dados de emissões de rádio e ondas de plasma de Júpiter, tal como registados no nosso observatório, incluindo o papel das emissões de rádio e a influência de Io na aceleração dos electrões e na contribuição para as interações de plasma. As condições para a receção de sinais de rajadas de rádio de Io serão tidas em conta com referência à probabilidade de receção de sinais de rádio Jovianos em torno de 20 MHz de 3 fontes relacionadas com Io. Será considerada a variação diurna da intensidade da aurora de Júpiter e as emissões aurorais detectadas em quase todas as partes do espetro eletromagnético, desde as ondas de rádio até aos raios X. As caraterísticas físicas e orbitais muito diferentes das luas serão analisadas com ênfase nas massas relativas das luas Jovianas. As órbitas dos satélites irregulares e a forma como se agrupam em grupos serão examinadas a partir da consideração das luas exteriores de Júpiter e das suas órbitas altamente inclinadas, bem como das inclinações (°) vs excentricidades dos satélites retrógrados. Algumas propriedades fundamentais das luas regulares e irregulares do sistema joviano serão tidas em consideração, incluindo as ressonâncias de Laplace de Io, Europa e Ganimedes, para recolher alguma informação relacionada com a distância das luas a Júpiter. Ao examinar o comportamento da interação, serão tidas em conta as linhas do campo magnético de Júpiter e do toro de Io, bem como algumas erupções registadas na superfície de Io pela nave espacial "Galileo", incluindo as variações nas caraterísticas da superfície, tal como registadas nas observações iniciais e posteriores. A absorção de partículas de alta energia pelos anéis e luas de Júpiter a partir das cinturas de radiação será analisada e os toros de plasma na vizinhança das órbitas das luas, tal como criados por Io e Europa, serão examinados em pormenor.

## 1.6 Explorações espaciais da Aurora de Júpiter

Na década de 1960, foi proposta uma grande viagem para

investigar os planetas exteriores e, na sequência desta proposta, a NASA começou a trabalhar numa missão no início da década de 1970. A conceção e o desenvolvimento das sondas interplanetárias coincidiram com um alinhamento favorável dos planetas, utilizando a então nova técnica de assistência gravitacional que permitiria a uma única sonda visitar os quatro gigantes gasosos, Júpiter, Saturno, Úrano e Neptuno, exigindo uma quantidade mínima de propulsor e uma duração de trânsito mais curta entre os planetas. Inicialmente, a Voyager 1 foi planeada como Mariner 11 do programa Mariner, mas devido a cortes orçamentais, a missão foi reduzida para um sobrevoo de Júpiter e Saturno, passando a chamar-se sondas Mariner Júpiter-Saturno. Com o progresso do programa, o nome foi subsequentemente alterado para Voyager, uma vez que os desenhos das sondas começaram a diferir largamente das missões Mariner anteriores. O campo de Júpiter tem uma forma toroidal, contendo versões gigantes das Cinturas de Van Allen da Terra, que prendem partículas carregadas de alta energia, principalmente electrões e protões. Devido às forças associadas à rápida rotação de Júpiter e ao seu campo magnético, as cinturas de Van Allen são achatadas em "lençóis de plasma" no caso de Júpiter. O campo move-se com um período de rotação do planeta de aproximadamente 9 horas. Os satélites Amalteia, Io, Europa e Ganimedes orbitam todos através desta zona e são afectados por ela. Esta, por sua vez, afecta o campo magnético e as cinturas de partículas carregadas. O toro de plasma está associado à órbita de Io, que tem vários vulcões activos na sua superfície. Estes expelem para o espaço um gás de partículas que se tornam ionizadas e que, a seu tempo, se difundem para o resto da região que rodeia Júpiter. Esta é, de facto, uma das principais fontes de partículas carregadas presas no campo magnético de Júpiter. Desta forma, Io tem um papel importante para muitas das partículas carregadas no campo magnético de Júpiter e está a ser corroída por colisões com essas partículas à medida que orbita Júpiter.

# Referências


1. B. F. Burke e K. L. Franklin, 1955, Observations of a variable radio source associated with the planet Jupiter, *Journal of Geophysical Research,* 60, 213-217.

2. E. K. Bigg, 1964, Influence of the Satellite *Io* on Jupiter's Decametric Emission, *Nature,* 203, 1008 - 1010

3. G. A. Dulk, 1965, Io-Related Radio Emission from Jupiter, *Science,* 148, 1585-1589.

4. A. Sachs (2 de maio de 1974). "Astronomia observacional da Babilónia". *Transações filosóficas da Royal Society of London* (Royal Society of London) 276 (1257): 43-50 (ver p. 44).

5. Westfall, Richard S. "Galilei, Galileu". O Projeto Galileu. Recuperado em 2007-01-10.

6. "SP-349/396 Pioneer Odyssey-Júpiter, Gigante do Sistema Solar". NASA. agosto de 1974. Recuperado em 2006-08-10.

7. E. E. Baart e C. H. Barrow (Millisecond radio pulses from Jupiter).

8. C. H. Barrow e E. E. Baart (B e C "fontes" de radiação decamétrica Joviana).

9. O. B. Slee e C. S. Higgins (The solar wind and Jovian decametric radio emission).

10. McEwen, A. S. e Soderblom, L. A., 1983, Two classes of volcanic plume on Io, *Icarus,* 55, 197-226.

11.     Radiação de micro-ondas não térmica de Júpiter por F. D. Drake; S. Hvatum, Astron. J. 1959 Vol: 64:329-330.

12.   J . D. Kraus, 1976, Io dependent Jovian radio emission, *Astronomia astrofísica (Alemanha),* 53, 121.

13.     Jorma J. Riihimaa, 1978, L-bursts in Jupiter's decametric radio spectra, *Astrophysics and Space Science,* 56, 503.

14.     P. Goldreich e D. Lynden-Bell, 1969, Io, a Jovian unipolar inductor, *Astrophysical Journal,* 156, 59-78.

15.     J. J. Riihimaa, 1970, Modulation lanes in the dynamic spectra of Jupiter's decametric radio emission, *Ann. Acad. Sci. Fennicae, Ser. A,* VI. Física, 1-38.

16.     E. J. Smith, L. Davis Jr., D. E. Jones, P. J. Coleman Jr., D. S. Colburn, P. Dyal, C. P. Sonett e A. M. A. Frandsen, 1974, The planetary magnetic field and magnetosphere of Jupiter: Pioneer 10, *Journal of Geophysical Research*, 79, 3501-3513.

17.     Mario H. Acuna e Norman F. Ness, 1976, The main magnetic field of Jupiter, *Journal of Geophysical Research,* 81, 2917.

18.     C. Sagan e E. E. Salpeter, 1976, Particles, environments, and possible ecologies in the Jovian atmosphere, *Astrophysical Journal Supplement,* 32, 737.

19.     M. L. Kaiser, 1977, A low-frequency radio survey of the planets with RAE 2, *Journal of Geophysical Research,* 82, 1256-1260.

20.     J. J. Riihimaa, 1977, S-bursts in Jupiter's decametric

radio spectra, Astrophysics and Space Science, 51, 363-383.

21. J. N. Douglas e H. Smith, 1978, L-bursts in Jupiter's decametric radio spectra, *Astrophysics and Space Science,* 56, 503.

22. C.H. Barrow, 1978, Jupiter's decametric radio emission e atividade solar, *Planet. Space Sci.,* 26, 1193

23. T. Terasawa, K. Maezawa e S. Machida, 1978, Solar wind effect on Jupiter's non-Io-related radio emission, *Nature,* 273, 131.

24. P. Poquerusse, e A. Lecacheux, 1978, First direct measurement of the beaming of Jupiter's decametric radiation, *Nature,* 275, 111.

25. Jorma J. Riihimaa, 1978, L-bursts in Jupiter's decametric radio spectra, *Astrophysics and Space Science,* 56, 503.

26. J. R. Thieman, 1979, A catalog of Jovian decametric radio observations from 1957-1978, *Science*, 204, 995.

27. D. A. Gurnett, R. R. Anderson, B. T. Tsurutani, E. J. Smith, G. Paschmann, G. Haerendel, S. J. Bame e C. T. Russell, 1979, Plasma wave turbulence at the magnetopause: Observations from ISEE 1 and 2, *Journal of Geophysical research*, 84, 7043.

28. J. W. Warwick, J. B. Pearce, A. C. Riddle, J. K. Alexander, M. D. Desch, M. L. Kaiser, J. R. Thieman, T. D. Carr, S. Gulkis, A. Boischot, C. C. Harvey e B. M. Pedersen, 1979, Voyager 1 planetary radio astronomy

observations near Jupiter, *Science*, 204, 995.

29.    J. B. Pearce, A. C. Riddle, J. W. Warwick, J. K. Alexander, M. D. Desch, M. L. Kaiser, J. R. Thieman, T. D. Carr, S. Gulkis, A. Boischot, Y. Leblanc, B. M. Pedersen e D. H. Staelin, 1979, Planetary radio astronomy observations from voyager 2 near Jupiter, *Science*, 206, 991.

30.  C. S. Woo e I. C. Lee, 1979, A theory of the terrestrial radiação quilométrica, *Applied Physics Journal,* 230, 621.

31.    L. S. Levitskii e B. M. Vladimirskii, 1979, The effect of interplanetary magnetic field sector structure on the decametricwave radio emission of Jupiter, *Krymskaia Astrofizicheskaia Observatoriia, Izvestiia,* 59, 104.

32.    C.H. Barrow, 1979, Association of co rotating magnetic sector structure with Jupiter's decameter-wave radio emission, *Journal of Geophysical Research: Space Physics,* 84, 53665372.

33.    H. S. Bridge, J. W. Belcher, A. J. Lazarus, J. D. Sullivan, R. L. McNutt, F. Bagenal, J. D. Scudder, E. C. Sittler, G. L. Siscoe, V. M. Vasyliunas, C. K. Goertz, C. M. Yeates, 1979, Plasma observations near jupiter: initial results from voyager 1, *Science,* 204, 987.

34.    J. R. Thieman e A. G. Smith, 1979, Detailed geometrical modeling of Jupiter's Io-related decametric radiation, *Journal of Geophysical Research,* 84, 2666.

35.    F. M. Neubauer, 1980, Nonlinear standing wave Alfvén current system at Io: Teoria, *Journal of Geophysical*

*Research,* 85, 1171-1178.

36.    D. Gautier, B. Conrath, M. Flasar, R. Hanel, V. Kunde, A. Chedin, N. Scott, 1981, The helium abundance of Jupiter from Voyager, *Journal of Geophysical Research,* 86, 8713-8720.

37.    J. K. Alexander, T. D. Carr, J. R. Thieman, J. J. Schauble e A. C. Riddle, 1981, Synoptic observations of Jupiter's radio emissions: Propriedades estatísticas médias observadas pela Voyager, *Journal of Geophysical Research*, 86, 8529.

38.    *A.* Boischot, A. Lecacheux, M. L. Kaiser, M. D. Desch, J.

K . Alexander e J. W. Warwick, 1981, Radio Jupiter after Voyager: An overview of the planetary radio astronomy observations, *Journal of Geophysical Research,* 86, 8213.

39.    *A.* H. Barrow, 1981, Latitudinal beaming and local time effects in the decametre-wave radiation from Jupiter observed at the earth and from Voyager, *Astronomy Astrophysics,* 101, 142.

40.    *A.* A. Gurnett e C. K. Goertz, 1981, Multiple Alfven wave reflections excited by Io: Origin of the Jovian decametric arcs, *Journal of Geophysical Research,* 86, 717.

41.    F. Bagenal e J. D. Sullivan, 1981, Diret plasma measurements in the Io torus and inner magnetosphere of Jupiter, *Journal of Geophysical Research,* 86, 8447.

42.	M. L. Goldstein e J. R. Thieman, 1981, The formation of arcs in the dynamic spectra of Jovian decameter bursts, *Journal of Geophysical Research,* 86, 8569.

43.	Y. Leblanc, 1981, On the arc structure of the DAM Jupiter emission, *Journal of Geophysical Research,* 86, 8546.

44.	A. Lecacheux, N. Meyer-Vernet e G. Daigne, 1981, Jupiter's decametric radio emission - A nice problem of optics, *Astronomy Astrophysics*, 94, L9.

45.	J. B. Pearce, 1981, A heuristic model for Jovian decametric arcs, *Journal of Geophysical Research,* 86, 8579.

46.	D. H. Staelin, 1981, Character of the Jovian decametric arcs, *Journal of Geophysical Research,* 86, 8581. na ionosfera terrestre e no ambiente Joviano, *Astronomy Astrophysics*, 104, 229.

# Capítulo 2: História observacional e experimental

## 2.1 História observacional

Utilizando pequenos telescópios, os primeiros astrónomos registaram a mudança de aspeto da atmosfera de Júpiter, que pode ser descrita por cinturas e zonas, manchas castanhas e manchas vermelhas, plumas, barcaças, festões e serpentinas. Outros termos, como vorticidade, movimento vertical, altura das nuvens, etc., entraram em uso mais tarde, no século XX. As primeiras observações bem sucedidas da atmosfera de Júpiter com uma resolução superior à possível com telescópios baseados na Terra foram efectuadas pelas naves espaciais Pioneer 10 e 11. No entanto, as primeiras imagens detalhadas da atmosfera de Júpiter foram obtidas pelas Voyagers, que conseguiram obter imagens com uma resolução tão baixa como 5 km em vários espectros e também desenvolver "filmes de aproximação" da atmosfera em movimento. A sonda Galileu permitiu obter menos imagens da atmosfera de Júpiter, mas com uma melhor resolução média e uma maior largura de banda espetral.

Os astrónomos têm agora acesso a um registo contínuo da atividade atmosférica de Júpiter, graças a telescópios como o Hubble. Estas observações indicam que a atmosfera é ocasionalmente afetada por grandes perturbações, mas quando se tem em conta o padrão global, parece bastante estável. O movimento vertical da atmosfera foi obtido principalmente a partir da identificação de gases vestigiais por telescópios terrestres. Investigações espectroscópicas após a colisão do cometa Shoemaker-Levy 9 forneceram um vislumbre da composição de Júpiter abaixo do topo das nuvens. Foi detectada a presença de enxofre diatómico ($S_2$) e de dissulfureto de carbono ($CS_2$), para além de outras moléculas como o amoníaco ($NH_3$) e o sulfureto de hidrogénio ($H_2S$), mas não foram detectadas moléculas contendo oxigénio, como o dióxido de enxofre ($SO_2$). A sonda atmosférica *Galileu*, quando mergulhou em Júpiter, mediu o vento, a temperatura, as nuvens, a composição e os níveis de radiação até 22 bar, embora as medições abaixo de 1 bar em Júpiter apresentem algumas incertezas nas quantidades.

## 2.2 Principais missões espaciais a Júpiter neste século

H Aqui mostrámos as datas das principais missões de investigação do sistema planetário por parte das naves espaciais durante o primeiro quarto deste século.

## Quadro 2.1 Síntese dos acontecimentos marcantes do primeiro quartel do século atual

| DATE | Striking Event | Outline |
|---|---|---|
| JUNE 8, 2001 | New Horizons selected by NASA | After a three-month conceptual study before submission of the proposal, two design teams were competing: POSSE (Pluto and Outer Solar System Explorer) and New Horizons |

| JUNE 13, 2005 | Spacecraft departed Applied Physics Laboratory for final testing | Spacecraft undergoes final testing at Goddard Space Flight Center (GSFC) |
|---|---|---|
| SEPTEMBER 24, 2005 | Spacecraft shipped to Cape Canaveral | It was shifted through Andrews Air Force Base aboard a C-17 Globemaster III cargo aircraft |
| DECEMBER 17, 2005 | Spacecraft ready for in rocket positioning | Transported from Hazardous Servicing Facility to Vertical Integration Facility at Space Launch Complex |
| JANUARY 11, 2006 | Primary launch window opened | The launch was delayed for additional testing |
| JANUARY 16, 2006 | Rocket moved onto launch pad | Atlas V launcher, serial number AV-010, rolled out onto pad |

| JANUARY 17, 2006 | Launch delayed | First day launch attempts scrubbed due to unacceptable weather conditions particularly flow of high winds |
| --- | --- | --- |
| JANUARY 18, 2006 | Launch delayed further | Second launch attempt scrubbed due to morning power outage at the Applied Physics Laboratory |
| JANUARY 19, 2006 | Successful launch at 19:00 UTC | The spacecraft was successfully launched after short delay owing to cloud cover |
| APRIL 7, 2006 | Passes Mars | The probe crossed Mars and it was 1.7 AU from Earth |
| JUNE 13, 2006 | Flyby of asteroid 132524 APL | The probe passed closest to the asteroid 132524 APL in the Belt at about 101,867 km at 04:05 UTC and photographs were taken |

| | | |
|---|---|---|
| NOVEMBER 28, 2006 | First image of Pluto | The image was taken from a great distance, rendering the dwarf planet faint |
| JANUARY 10, 2007 | Navigation exercise near Jupiter | Long distance observations of Jupiter's outer moon Callirrhoe as a navigation exercise |
| FEBRUARY 28, 2007 | Jupiter flyby | Closest approach occurred at 05:43:40 UTC at 2.305 million km, 21.219 km/s |
| JUNE 8, 2008 | Passing of Saturn's orbit | The probe crossed Saturn's orbit: 9.5 AU from Earth |
| DECEMBER 29, 2009 | The probe became closer to Pluto than to Earth | Pluto was then 32.7 AU from Earth, and the probe was 16.4 AU from Earth |

| FEBRUARY 25, 2010 | Half mission distance reached | Half the travel distance of 1,480,000,000 miles ($2.38 \times 10^9$ km) was completed |
| --- | --- | --- |
| MARCH 18, 2011 | The probe passed Uranus's orbit | The spacecraft crossed the fourth planetary orbit since its start; New Horizons reached Uranus's orbit at 22:00 UTC |
| DECEMBER 2, 2011 | New Horizons drew closer to Pluto than any other spacecraft has ever been | Previously, Voyager 1 held the record for the closest approach. (~10.58 AU) |
| FEBRUARY 11, 2012 | New Horizons was 10 AU from Pluto. | This happened at around 4:55 UTC |
| OCTOBER 2013 | New Horizons will be 5 AU from Pluto. | Striking events yet to see |

| | | |
|---|---|---|
| AUGUST 24, 2014 | The probe will cross Neptune's orbit | This is the fifth planetary orbit the spacecraft crosses |
| FEBRUARY 2015 | Observations of Pluto will start | New Horizons will come close enough to Pluto for the main science mission to begin |
| MAY 5, 2015 | Better than Hubble | Images will exceed best Hubble Space Telescope resolution |
| JULY 14, 2015 | Flyby of Pluto, Charon, Hydra, Nix, S/2011 P 1 and S/2012 P 1 | Flyby of Pluto around 11:47 UTC at 13,695 km, 13.78 km/s. Flyby of Charon, Hydra, Nix, S/2011 P 1 and S/2012 P 1 around 12:01 UTC at 29,473 km, 13.87 km/s |
| 2016–2020 | Possible flyby of one or more Kuiper belt objects (KBOs) | The probe will perform flybys of other KBOs, if any are in the spacecraft's proximity |

| 2026 | Expected end of mission | According to NASA the Dwarf Planets mission will come to an end |

## 2.3 Dínamo interno no campo magnético de Júpiter

Tal como o campo magnético da Terra, a maior parte do campo magnético de Júpiter é gerado por um dínamo interno que é largamente suportado pela circulação de um fluido condutor no seu núcleo exterior. Mas enquanto o núcleo da Terra é feito de ferro fundido e níquel, o núcleo de Júpiter é composto por hidrogénio metálico. À semelhança da Terra, o campo magnético de Júpiter é principalmente um dipolo, com dois dos seus pólos magnéticos, norte e sul, situados nas extremidades de um único eixo magnético. Em Júpiter, o pólo norte do dipolo está situado no hemisfério norte do planeta e o pólo sul do dipolo no hemisfério sul, o que é exatamente o oposto da Terra, cujo pólo norte está situado no hemisfério sul e o pólo sul no hemisfério norte. Para além do dipolo, o campo de Júpiter tem componentes quadripolares, octopolares e superiores, no entanto, menos de um décimo tão fortes como a componente dipolar. O dipolo está inclinado cerca de 10° em relação ao eixo de rotação de Júpiter. Isto é semelhante ao da Terra (11,3°). Não foram encontradas alterações notáveis na sua força ou estrutura desde as primeiras medições efectuadas pela nave espacial Pioneer. A magnetosfera de Júpiter é tão grande que o Sol e a sua coroa visível caberiam dentro dela com espaço de sobra. Se a encontrássemos da Terra, seria cinco vezes maior do que a lua cheia no céu, apesar de estar aproximadamente 1700 vezes mais longe.

Quando as partículas energéticas carregadas entram na atmosfera da Terra a partir do vento solar, tendem a ser canalizadas para os pólos devido à força magnética. Este facto faz com que se formem uma espiral em torno das linhas do campo magnético da Terra. Ao longo do tempo, tornam-se suficientemente energéticos para ionizar as moléculas de ar e, como resultado, um número significativo de átomos e moléculas são elevados a estados excitados. Quando a transição volta aos seus estados fundamentais, emitem luz caraterística dos átomos e moléculas. A luz vermelha e verde emitida pelos átomos de oxigénio é um dos constituintes da luz observada nos pólos. Neste processo, o azoto atmosférico também desempenha um papel fundamental. A luz observada perto do Pólo Norte é chamada aurora boreal e a observada perto do Pólo Sul é chamada aurora austral. Tal como a aurora perto dos dois pólos da Terra, o brilho mais intenso perto dos pólos de Júpiter provém da interação de partículas carregadas com o campo magnético do planeta. De facto, as auroras de Júpiter revelam pegadas magnéticas distintas das luas maiores de Júpiter. As fortes interações eléctricas e magnéticas destas luas com Júpiter têm sido objeto de grande interesse. Foram encontradas auroras intensas em Júpiter. A Figura 2.1 mostra duas imagens do Telescópio Espacial Hubble de auroras perto dos pólos jovianos.

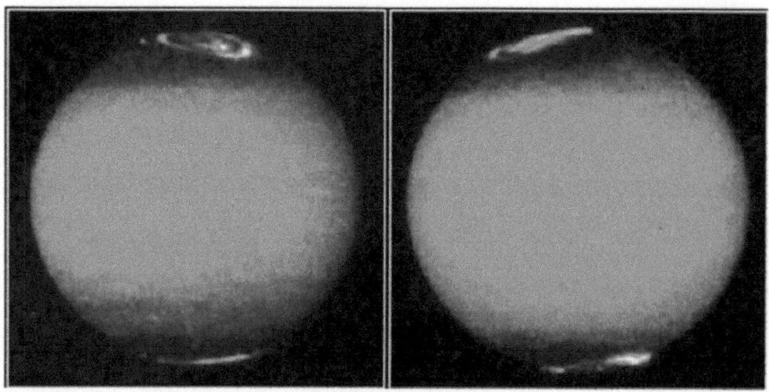

**Figura 2.1** Imagens do Telescópio Espacial Hubble de auroras perto dos pólos de Júpiter

Na Terra, muitas das partículas carregadas que ficam presas no campo magnético têm origem no vento solar. Como o choque do arco da magnetosfera de Júpiter desvia o vento solar para longe da sua atmosfera, as partículas carregadas responsáveis pela produção das auroras em Júpiter podem surgir de outras fontes. Presume-se que tenham origem nos satélites mais interiores de Júpiter, como Io, que orbitam na região do forte campo magnético e das partículas carregadas aprisionadas. À semelhança da magnetosfera da Terra, muitas das partículas carregadas aprisionadas na magnetosfera de Júpiter são provenientes do vento solar. Mas Júpiter tem uma fonte extra de partículas que os outros planetas não têm. Foi observado que a lua vulcanicamente ativa de Júpiter, Io, contribui com uma porção substancial de partículas carregadas para a magnetosfera do planeta Júpiter.

## 2.2 Correntes radiais e os principais ovais aurorais de Júpiter

O principal fator da magnetosfera de Júpiter é a rotação do planeta. Deste ponto de vista, Júpiter é análogo a um dispositivo designado por gerador unipolar. Com a rotação de Júpiter, a sua ionosfera move-se relativamente ao campo magnético dipolar do planeta. Como o momento magnético do dipolo aponta na direção da rotação, a força de Lorentz, que surge devido a este movimento, conduz os electrões de carga negativa para os pólos e os iões de carga positiva são empurrados para o equador. De facto, os pólos ficam carregados negativamente e as regiões mais próximas do equador ficam carregadas positivamente. Como a magnetosfera de Júpiter está cheia de plasma altamente condutor, o circuito elétrico é fechado através dela e uma corrente direta flui ao longo das linhas do campo magnético desde a ionosfera até à folha de plasma equatorial. Esta corrente flui então na direção radial e afasta-se do planeta no interior da folha de plasma equatorial e, finalmente, regressa à ionosfera planetária a partir da magnetosfera exterior ao longo das linhas de campo ligadas aos pólos. As correntes que fluem ao longo das linhas de campo magnético são conhecidas como correntes de campo alinhado ou correntes de Birkeland. A corrente radial interage com o campo magnético planetário e, devido a esse efeito, a força de Lorentz resultante acelera o plasma magnetosférico na direção da rotação planetária. Este mecanismo básico mantém a co-rotação do plasma na magnetosfera de Júpiter. A Figura 2.2 mostra o campo magnético de Júpiter e as correntes de co-rotação. A corrente direta, a corrente de retorno e a corrente radial estão claramente assinaladas na figura, incluindo a folha de corrente produzida. A formação da aurora e o toro de Io também estão claramente indicados na figura.

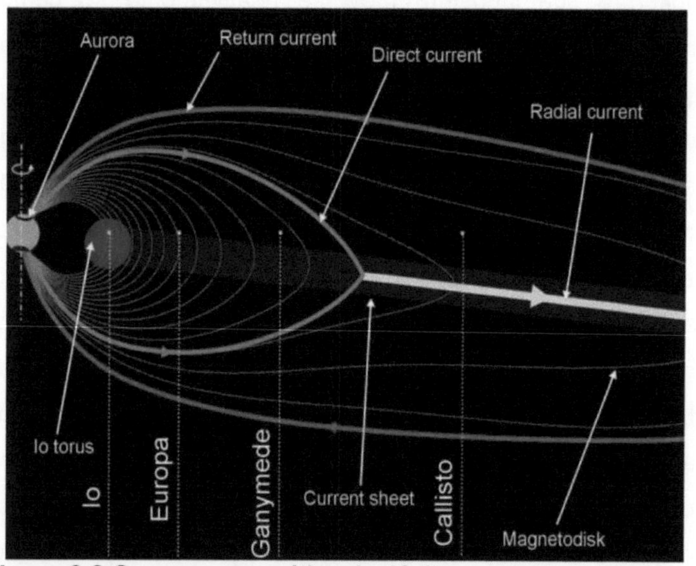


**Figura 2.2** O campo magnético de Júpiter e as correntes de co-rotação

A corrente que flui da ionosfera de Júpiter para a folha de plasma é particularmente forte quando a parte correspondente da folha de plasma faz uma rotação mais lenta do que o planeta.

Na prática, a corotação quebra-se na região situada entre 20 e 40 $R$ de Júpiter. O campo magnético é altamente esticado nesta região e chamado magneto-disco. A forte corrente contínua que flui no magnetodisco tem origem numa faixa latitudinal altamente limitada de cerca de 16 ± 1° dos pólos magnéticos jovianos. Estas regiões circulares estreitas correspondem às principais ovais aurorais de Júpiter. A corrente de retorno flui da magnetosfera exterior para além de 50 $R_j$ e entra na ionosfera joviana perto dos pólos, fechando assim o circuito elétrico. Estima-se que a corrente radial total na magnetosfera de Júpiter seja da ordem dos 60 milhões-140 milhões de amperes. A aceleração do plasma para a co-rotação contribui para a transferência de energia da rotação de Júpiter para a energia cinética do plasma. Deste ponto de vista, a magnetosfera de Júpiter é alimentada pela rotação do planeta, enquanto a magnetosfera da Terra é alimentada principalmente pelo vento solar.

## 2.3 Emissões de Auroras

Júpiter pode produzir auroras brilhantes e persistentes em torno dos seus dois pólos. Ao contrário das auroras da Terra, que são principalmente transitórias e ocorrem em alturas de maior atividade solar, as auroras de Júpiter são permanentes. No entanto, a intensidade de qualquer aurora de Júpiter varia de dia para dia. Esta variação diurna consiste em três componentes principais:

(i)   as ovais principais, que são brilhantes mas com uma largura estreita da ordem de menos de 1000 km e caraterísticas circulares localizadas a cerca de 16° dos pólos magnéticos,

(ii)   as manchas aurorais dos satélites correspondem às pegadas das linhas de campo magnético que interligam a ionosfera de Júpiter com as das suas maiores luas, e

(iii)   emissões polares transitórias localizadas dentro das ovais principais.

As emissões aurorais jovianas foram detectadas em quase todas as partes do espetro eletromagnético, desde as ondas de rádio até aos raios X (até 3 KeV). São mais brilhantes nas regiões espectrais do infravermelho médio (comprimento de onda 3-4 $\mu m$ e 7-14 μm) e do UV profundo (comprimento de onda 80-180 $nm$). A Figura 1.3 apresenta uma imagem das auroras do norte de Júpiter. A figura mostra a aurora oval principal, as emissões polares e as manchas geradas pela interação com os satélites naturais de Júpiter. A aurora diurna, as ovais polares e a oval principal são muito proeminentes na imagem. A mancha de Io, a mancha de Ganimedes e a mancha de Europa são claramente visíveis na imagem. As emissões transpolares estão também assinaladas na figura 2.3.

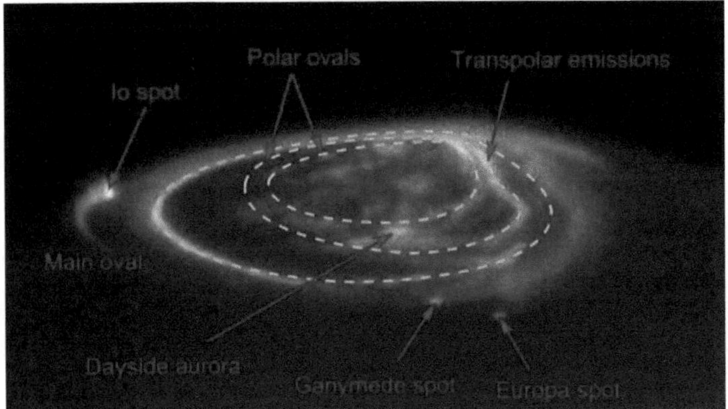


**Figura 2.3** Imagem das auroras boreais de Júpiter

É de notar que as ovais principais são a parte dominante das auroras Jovianas que têm formas e localizações estáveis. No entanto, as suas intensidades são fortemente moduladas pela pressão do vento solar. Foi visto que para o vento solar mais forte, as auroras são mais fracas. As ovais principais são mantidas, em geral, pelo forte influxo de electrões que são acelerados pelas quedas de potencial elétrico entre o plasma do disco magnético e a ionosfera Joviana. Estes electrões têm o papel vital de transportar as correntes alinhadas com o campo. Estas correntes mantêm a co-rotação do plasma no magneto-disco. As quedas de potencial desenvolvem-se devido ao plasma escasso fora do lençol equatorial, que só pode transportar uma corrente de força limitada. Os electrões precipitantes têm energia entre 10keV e 100 keV e penetram profundamente na atmosfera de Júpiter, onde se ionizam e excitam o hidrogénio molecular, causando emissão de UV. A entrada total de energia na ionosfera varia entre 10TW e 100 TW. Além disso, as correntes que fluem na ionosfera aquecem-na através do processo de aquecimento Joule, que produz até 300 TW de energia. A energia assim produzida é responsável pela forte radiação infravermelha das auroras de Júpiter e também, em parte, pelo aquecimento da termosfera de Júpiter. A potência emitida pelas auroras jovianas em diferentes partes do espetro é apresentada na Tabela 2.2.

**Tabela 2.2** Potência emitida pelas auroras Jovianas em
diferentes partes do espetro

| Emission | Jupiter | Io spot |
| --- | --- | --- |
| Radio (KOM, < 0.3 MHz) | ~1 GW | ? |
| Radio (HOM, 0.3 – 3 MHz) | ~10 GW | ? |
| Radio (DAM, 3 – 40 MHz) | ~100 GW | 0.1–1 GW (Io-DAM) |
| IR (Hydrocarbons, 7 – 14 µm) | ~40 TW | 30–100 GW |
| IR ($H_3^+$, 3 – 4 mm) | 4–8 TW | |
| Visible (0.385 – 1 µm) | 10–100 GW | 0.3 GW |
| UV (80 – 180 nm) | 2–10 TW | ~50 GW |
| X-ray (0.1 – 3 keV) | 1–4 GW | ? |

Os pontos encontrados na imagem eram muito
interessantes e estavam relacionados com três luas galileanas:
Io, Europa e Ganimedes. Estas manchas desenvolvem-se em
auroras quando a co-rotação do plasma é abrandada na
vizinhança das luas. Das três, a mancha mais brilhante pertence
a Io, que é a principal fonte de plasma na magnetosfera. Supõe-
se que a mancha auroral jónica esteja associada a correntes
Alfven que fluem da ionosfera joviana para a ionosfera jónica. As
manchas de Europa e de Ganimedes são mais fracas, uma vez

que estas luas são fontes fracas de plasma devido à sublimação do gelo de água das suas superfícies. Dentro das ovais principais aparécem esporadicamente arcos e manchas brilhantes. Estes fenómenos transitórios são considerados como estando associados à interação do vento solar. As linhas de campo magnético nesta região são consideradas abertas ou mapeadas no magnetotail. As ovais secundárias encontradas no interior da oval principal estão geralmente relacionadas com a fronteira entre as linhas de campo magnético abertas e fechadas ou com as cúspides polares. As emissões aurorais polares são análogas às que se encontram à volta dos pólos da Terra. Aparecem quando os electrões são acelerados em direção ao planeta por quedas de potencial no momento da reconexão do campo magnético solar com o planeta. A maior parte dos raios X aurorais é emitida pelas regiões dentro das duas ovais principais. Foi observado que o espetro da radiação de raios X auroral consiste em linhas espectrais de oxigénio e enxofre altamente ionizados. Estas podem ter surgido quando iões de S e O altamente energéticos, da ordem das centenas de kiloelectrão-volts, se precipitam na atmosfera polar de Júpiter. No entanto, a fonte desta precipitação é ainda desconhecida.

## 2.4 Emissões de rádio variáveis das Auroras Permanentes em torno dos pólos de Júpiter

A magnetosfera de Júpiter é moldada pelo plasma de Io e pela sua própria rotação e não pelo vento solar. As fortes correntes na magnetosfera de Júpiter geram auroras permanentes à volta dos pólos e também intensas emissões de rádio variáveis. Isto significa que Júpiter pode ser considerado como um pulsar rádio muito fraco. As auroras de Júpiter foram encontradas em quase todas as partes do espetro eletromagnético, incluindo o infravermelho, o visível, o ultravioleta e os raios X suaves. A magnetosfera de Júpiter é considerada como a cavidade produzida no vento solar pelo campo magnético do planeta. Estendendo-se até sete milhões de quilómetros em direção ao Sol e quase até à órbita de Saturno na direção oposta, a magnetosfera de Júpiter é a maior de todas. É a mais poderosa de todas as magnetosferas planetárias e, em volume, a maior estrutura contínua conhecida no Sistema Solar, a seguir à heliosfera. Mais plana e mais larga do que a magnetosfera da Terra, a magnetosfera de Júpiter é mais forte por uma ordem de grandeza, enquanto que o seu momento magnético é cerca de 18.000 vezes maior. A existência do campo magnético de Júpiter foi confirmada pela primeira vez a partir de estudos de emissões de rádio no final da década de 1950 e foi diretamente encontrada pela nave espacial *Pioneer 10* em 1973. Os parâmetros magnetosféricos e as caraterísticas relacionadas com a aurora de Júpiter são apresentados na Tabela 2.3.

**Tabela 2.3** Parâmetros magnetosféricos e caraterísticas relacionadas com a aurora de Júpiter

| Parameters | Characteristics | Details |
|---|---|---|
| **Magnetospheric parameters** | Bow shock distance | ~82 $R_j$ |
| | Magnetopause distance | 50–100 $R_j$ |
| | Magnetotail length | up to 7000 $R_j$ |
| | Main ions | $O^+$, $S^+$ and $H^+$ |
| | Plasma sources | Io, Solar wind, ionosphere |
| | Mass loading rate | ~1000 kg/s |
| | Maximum plasma density | 2000 cm$^{-3}$ |
| | Maximum particle energy | up to 100 MeV |
| **Aurora** | Spectrum | radio, near-IR, UV and X-ray |
| | Total power | 100 TW |
| | Radio emission frequencies | 0.01–40 MHz |

A ação da magnetosfera e as partículas aceleradas são responsáveis pela produção de intensas cinturas de radiação, análogas às cinturas de Van Allen da Terra, mas milhares de vezes mais fortes. A interação das partículas energéticas com as superfícies das maiores luas de Júpiter afecta largamente as suas propriedades químicas e físicas. As partículas carregadas podem mover-se em forma de espiral ao longo das linhas do campo magnético planetário para a atmosfera superior, bem como em torno dos pólos magnéticos. Quando estas partículas energéticas colidem com átomos e moléculas na atmosfera, transferem energia que é depois libertada, por vezes sob a forma de luz visível. Este é o mesmo procedimento que cria as diferentes auroras coloridas que encontramos na Terra. As posições para a formação de auroras em Júpiter também se situam nos pólos norte e sul, à semelhança da Terra. Io e as outras luas galileanas são significativamente afectadas pela magnetosfera de Júpiter e contribuem, por sua vez, para gerar auroras nos dois pólos. As partículas carregadas aprisionadas à volta do planeta atingem ocasionalmente as superfícies das luas e libertam alguns átomos e moléculas que produzem uma fina atmosfera à volta da lua.

## 2.5 Exploração de Júpiter através de observações por naves espaciais

A exploração de Júpiter começou com a chegada da

'Pioneer 10' ao sistema joviano em 1973 e até 2008 continuou com mais sete missões de naves espaciais. Todas estas missões foram levadas a cabo pela NASA para efetuar observações detalhadas sem que a sonda aterrasse ou entrasse em órbita. Todas estas sondas fazem de Júpiter o mais visitado dos planetas exteriores do Sistema Solar. De facto, todas as missões aos planetas exteriores têm de passar por Júpiter para aumentar a velocidade da sonda sem gastar uma quantidade excessiva de combustível dispendioso. Estão a ser desenvolvidos planos para outras missões ao sistema joviano, embora nenhuma delas esteja prevista para chegar ao planeta antes de 2016. Para enviar uma nave a Júpiter, temos de enfrentar muitas dificuldades técnicas que devem ser tidas em conta, nomeadamente as grandes necessidades de combustível das sondas e também os efeitos do ambiente de radiações severas do planeta. O artigo destaca as realizações significativas no estudo de Júpiter desde o início dos anos setenta até à data. As informações recolhidas até à data com a utilização de diferentes naves espaciais foram examinadas, indicando os problemas do envio de sondas espaciais para esse ambiente.

Nesta secção, considerámos as realizações importantes do estudo Júpiter em diferentes décadas a partir dos anos setenta. A fim de efetuar uma comparação adequada das aplicações técnicas significativas e dos resultados, apresentámos os mesmos em duas tabelas (Tabela 2.4 e Tabela 2.5) de 1973 a 1992 e de 1993 a 2012, apresentando assim informações de duas décadas em cada tabela.

**Quadro 2.4** Tentativas e realizações técnicas num período de duas décadas desde 1973

| Date | Dominant features |
|---|---|
| December 03, 1973 | Pioneer 10 passed Jupiter in the 1st fly-by of an outer planet |

| December 04, 1974 | Pioneer 11 made its nearest approach to Jupiter |
| --- | --- |
| August 20, 1977 | The United States launched an unmanned spacecraft Voyager 2, carrying a 12-inch copper phonograph record. It was scheduled to pass Jupiter and Saturn |
| March 04, 1979 | The US Voyager I collected the first image of Jupiter's rings |
| March 05, 1979 | Voyager I made its nearest approach to Jupiter (128,400 miles) |
| July 09, 1979 | Voyager II made its nearest approach to Jupiter. Both Voyager I and II probes spotted volcanoes erupting on the Jupiter's moon, Io |
| October 18, 1989 | The space shuttle Atlantis was launched on a five-day mission which included deployment of the Galileo space probe for Jupiter |
| December 08, 1992 | Galileo performed a second flyby of Earth at 303.1 km at 15:09:25 UT adding 3.7 km per second to its cumulative speed |

**Quadro 2.5** Tentativas e realizações técnicas num período de duas décadas desde 1993

| Date | Dominant features |
| --- | --- |
| July 16, 1994 | The first of 21 pieces of comet Shoemaker-Levy 9 slammed into Jupiter. The comet was first discovered by astronomer Eugene Shoemaker |
| July 17, 1994 | Fragments of comet Shoemaker-Levy continued to smash into Jupiter, sending up towering fireballs |
| December 07, 1995 | A 746-pound probe from the Galileo spacecraft hurtled into Jupiter's atmosphere, sending back data to the mother ship before it was presumably destroyed |
| June 26, 1996 | The Galileo spacecraft was expected to fly to within 527 miles of Ganymede (the largest moon) of Jupiter. It was scheduled to photograph Jupiter and four of its 16 moons |
| December 12, 1996 | Scientists noted that the Jovian moon, Ganymede, possesses a strong magnetic field owing to a molten core. Its outer layer solid ice was said to measure about 500 miles thickness |
| April 09, 1997 | Jupiter's moon Europa confirmed the 1996 revealed surface of massive icebergs floating on an ocean more than 50 miles deep |

| | |
|---|---|
| December 16, 1997 | Galileo spacecraft flew within 124 miles of the surface and recorded images of Europa, implicating a vast ocean below the surface, Giant lightning bolts on Jupiter were reported through the spacecraft and it indicated a magnetic field around Ganymede. It further indicated an atmosphere of hydrogen and carbon dioxide around Callisto. Metallic cores inside Io, Ganymede and Europa while the lack of a similar core inside Callisto was also noted |
| August 05, 2001 | The spacecraft Galileo flew close to 120 miles above Io's north pole and captured wisps of volcanic gas largely composed of sulphur dioxide |
| April 04, 2003 | Six more moons were found to orbit Jupiter, pushing to 58 the total number of known natural satellites |
| May 15, 2003 | Sheppard reported 43 more moons around Jupiter reaching the total number of Jupiter moons to 80 |
| September 21, 2003 | NASA's Galileo mission ended a 14-year exploration of the solar system's largest planet and its moons |
| July 19, 2009 | A new scar on Jupiter was detected that covered around 73 million square miles |

| August 05, 2011 | NASA launched an unmanned Atlas rocket carrying a sun-powered robotic explorer called Juno into space |
| --- | --- |
| May 02, 2012 | Selection of the mission for the L1 launch slot of ESA's Cosmic Vision science program was announced |

Quando se comparam os quadros 2.4 e 2.5, verifica-se que, durante as duas primeiras décadas, as naves espaciais "Pioneer" e "Voyager" contribuíram para a investigação de Júpiter, ao passo que, durante as duas décadas restantes, a nave espacial "Galileu" teve o papel principal.

## 2.8 Particularidades e problemas das naves espaciais

A 'Pioneer 10' foi a primeira nave espacial a visitar Júpiter em 1973, seguida pela 'Pioneer 11' alguns meses mais tarde. Para além de tirarem as primeiras fotografias em grande plano do planeta, as sondas descobriram a sua magnetosfera e também o seu interior em grande parte fluido. Após um período de cerca de seis anos, as sondas 'Voyager 1' e 'Voyager 2' visitaram o planeta em 1979. Estas naves estudaram as luas de Júpiter e o sistema de anéis, para além de descobrirem a atividade vulcânica de Io e a presença de gelo de água na superfície de Europa. A 'Ulysses' examinou ainda a magnetosfera de Júpiter em 1992 e novamente em 2000. Por outro lado, a sonda "Cassini" aproximou-se do planeta em 2000 para recolher imagens pormenorizadas da sua atmosfera. Em 2007, a nave espacial "New Horizons" passou por Júpiter e efectuou medições melhoradas de alguns parâmetros dos seus satélites. No entanto, a nave espacial 'Galileo' foi a única a entrar numa órbita em torno de Júpiter, chegando em 1995 e estudando o planeta até 2003. Durante este período, a 'Galileo' recolheu uma grande quantidade de informação, fazendo aproximações muito próximas de todas as quatro luas gigantes galileanas. A nave espacial conseguiu obter provas da existência de atmosferas finas em três delas e também da possibilidade de água líquida sob as suas superfícies. Descobriu ainda um campo magnético à volta de Ganimedes. No decurso da sua aproximação a Júpiter, testemunhou o impacto do cometa Shoemaker-Levy 9. As futuras sondas planeadas pela NASA incluem a nave espacial Juno, que entrará numa órbita polar em torno de Júpiter para descobrir se este possui um núcleo rochoso ou outra coisa qualquer. A missão Europa Jupiter System Mission deverá ser lançada por volta de 2020, com o objetivo de fazer um estudo alargado do sistema lunar de Júpiter, em particular de Europa e Ganimedes. O estudo poderá resolver o longo debate científico sobre a existência ou não de um oceano de água líquida sob a superfície gelada de Europa. Alguns anos distintos para o lançamento de diferentes naves espaciais para o estudo de Júpiter são apresentados na Figura 2.4. Um grande problema no envio de sondas espaciais para

Júpiter é o facto de o planeta não ter uma superfície sólida para aterrar, devido à transição suave entre a atmosfera do planeta e o seu interior fluido. Se alguma sonda estiver a descer na atmosfera, acabará por ser esmagada pelas imensas pressões no interior de Júpiter. Um segundo problema considerável é a quantidade de radiação a que uma sonda espacial pode ser sujeita, devido ao ambiente de partículas carregadas em Júpiter. De facto, quando a "Pioneer 11" fez a sua maior aproximação ao planeta, o nível de radiação era dez vezes superior ao estimado pelos projectistas, embora, com pequenas falhas, a sonda tenha conseguido passar pelas cinturas de radiação.

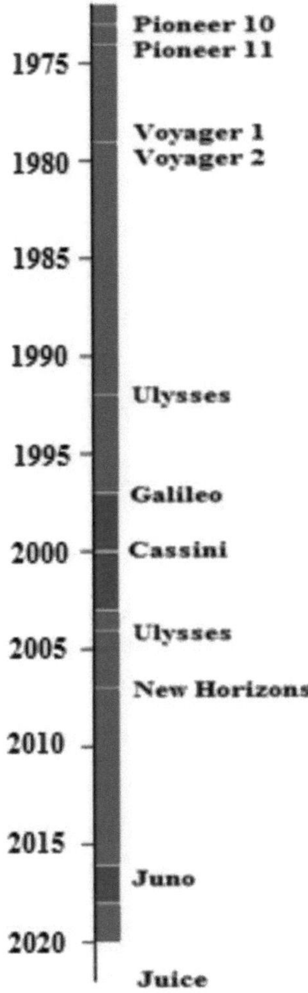



**Figura 2.4** Anos importantes de estudo de Jovian utilizando diferentes naves espaciais

No entanto, perdeu muitas imagens da lua Io, uma vez que a radiação tinha feito com que o fotopolarímetro da nave espacial recebesse uma série de falsos comandos. A nave espacial 'Voyager', tecnologicamente avançada, lançada posteriormente, teve de ser redesenhada tendo em conta os enormes níveis de radiação. A nave espacial "Galileu", que orbitou o planeta durante oito anos, revelou que a dose de radiação da sonda excedia em muito as suas especificações de projeto. De facto, o sistema falhou por causa do problema da dose de radiação em várias ocasiões. Os giroscópios da sonda apresentaram frequentemente erros crescentes e, ocasionalmente, ocorreram arcos eléctricos entre as suas partes rotativas e não rotativas, o que levou à perda total dos dados das 16ª, 18ª e 33ª órbitas. Além disso, a radiação foi responsável pela mudança de fase do oscilador de quartzo ultra-estável da Galileu.

## 2.9 Mapa pormenorizado de Júpiter

O orbitador 'Galileo' entrou em órbita à volta de Júpiter a 7 de dezembro de 1995. Orbitou o planeta durante cerca de oito anos, fazendo 35 órbitas antes de ser destruído em 21 de setembro de 2003. Durante este tempo, adquiriu uma quantidade significativa de informação sobre o sistema joviano. Os principais acontecimentos durante este período de oito anos de estudo incluíram múltiplos sobrevoos de todas as luas galileanas e também a observação do impacto do cometa Shoemaker-Levy 9. Uma sequência de imagens da Galileu tiradas com um intervalo de poucos segundos revelou o aparecimento de uma bola de fogo no lado escuro de Júpiter, provocada por um dos fragmentos do cometa Shoemaker-Levy 9 que embateu no planeta (Figura 2.5). As câmaras da nave espacial 'Galileo' registaram os fragmentos do cometa Shoemaker-Levy 9 entre 16 e 22 de julho de 1994, quando colidiram com o hemisfério sul de Júpiter a uma velocidade de quase 60 km/segundo. De facto, esta foi a primeira observação direta de uma colisão extraterrestre de objectos do sistema solar. A bola de fogo detectada pelos seus instrumentos atingiu um pico de temperatura de cerca de 24.000 K (a temperatura típica do topo das nuvens de Júpiter é de cerca de 130 K) com a pluma da bola de fogo a atingir uma altura de mais de 3.000 km. O mapa mais pormenorizado de Júpiter alguma vez produzido foi obtido com a 'Cassini'. Em 2000, a sonda 'Cassini' passou por Júpiter e forneceu algumas das imagens de maior resolução alguma vez obtidas do planeta (Figura 2.6).

**Figura 2.5** Sequências de imagens Galileu que mostram o aparecimento da bola de fogo

**Figura 2.6** Imagens de alta resolução obtidas pela Cassini

Cerca de 26 000 imagens de Júpiter foram obtidas durante

o sobrevoo de meses e produziram o retrato global a cores mais

pormenorizado de Júpiter, em que as mais pequenas

caraterísticas visíveis têm cerca de 60 km de diâmetro. Em 2003,

uma descoberta importante do sobrevoo foi a da circulação

atmosférica de Júpiter. Anteriormente, os cientistas

consideravam a atmosfera como cinturas escuras alternadas

com zonas claras. Mas as imagens da Cassini revelaram que as

cinturas escuras contêm células individuais de tempestade de

nuvens brancas brilhantes que são quase invisíveis da Terra.

Observações atmosféricas elaboradas indicaram ainda uma oval

escura rodopiante de elevada nebulosidade atmosférica perto do

Pólo Norte de Júpiter, cujo tamanho é aproximadamente igual

ao da Grande Mancha Vermelha. As imagens de infravermelhos

mostraram aspectos de circulação perto dos pólos, com bandas

adjacentes a atravessar em direcções opostas, sugerindo assim

a natureza dos anéis de Júpiter. A dispersão da luz por partículas

nos anéis revelou a forma irregular das partículas, em vez de esféricas, e é provável que tenham origem em impactos de micrometeoritos nas luas de Júpiter, talvez em Metis e Adrastea. A sonda espacial Cassini captou uma imagem de muito baixa resolução da lua Himalia em 19 de dezembro de 2000, mas estava demasiado longe e não conseguiu mostrar quaisquer pormenores da superfície. A sonda 'New Horizons' passou por Júpiter para uma assistência gravitacional, sendo a primeira sonda lançada diretamente em direção a Júpiter desde a 'Ulysses' em 1990. A sua sonda LORRI (Long-Range Reconnaissance Imager) registou a primeira fotografia de Júpiter em 4 de setembro de 2006 (Figura 2.7).

**Figura 2.7** Primeira fotografia de Júpiter tirada pelo LORRI em
4 de setembro de 2006

A nave espacial continuou vários tipos de estudo do sistema joviano em dezembro de 2006, e fez a sua maior aproximação em 28 de fevereiro de 2007. Na altura em que se aproximou muito de Júpiter, os instrumentos da 'New Horizons' fizeram algumas medições refinadas das órbitas das luas interiores de Júpiter, em particular de Amalteia. Além disso, as câmaras da sonda mediram com sucesso os vulcões em Io e estudaram algumas caraterísticas dominantes das quatro luas galileanas, para além de investigações a longa distância das luas exteriores Himalia e Elara. A nave analisou simultaneamente a Pequena Mancha Vermelha de Júpiter, bem como a magnetosfera e o ténue sistema de anéis do planeta. Uma fotografia das plumas vulcânicas em Io, registada pela 'New Horizons' em 2008, é apresentada na Figura 2.8.

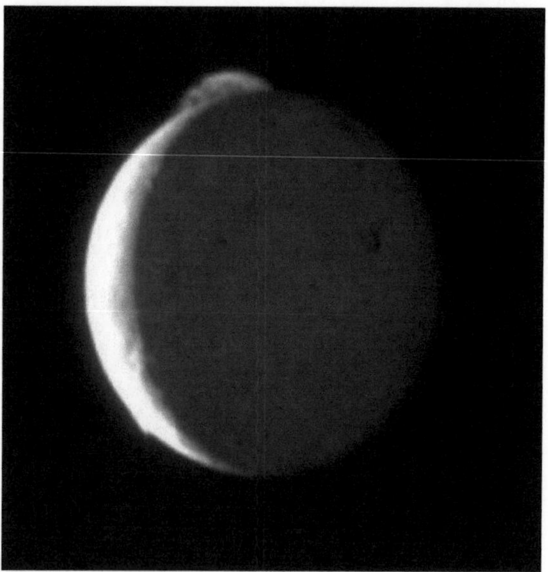

**Figura 2.8** Animação das plumas vulcânicas em Io, registadas pela "New Horizons" em 2008

## 2.10 É possível colonizar Júpiter?

Embora os cientistas precisem de mais provas para determinar a extensão de um núcleo rochoso em Júpiter, as suas luas galileanas indicam a oportunidade potencial para uma futura exploração tripulada. Atualmente, os alvos específicos são Europa, devido ao seu potencial para a existência de vida, e Calisto, devido à sua dose de radiação relativamente baixa. Em 2003, a NASA propôs um programa denominado Human Outer Planets Exploration (HOPE) que incluía uma missão tripulada às luas galileanas. Na política de Visão para a Exploração Espacial declarada em janeiro de 2004, a NASA apontou missões tripuladas para além de Marte, mencionando que se pode esperar uma "presença humana de investigação" nas luas de Júpiter. A NASA especulou sobre a possibilidade de explorar as atmosferas dos planetas exteriores. Isto é particularmente verdade para o hélio-3, um isótopo de hélio que é muito raro na Terra e que poderia ter um valor muito elevado por unidade de massa como combustível termonuclear. As fábricas estacionadas em órbita poderiam extrair o gás e, em alturas convenientes, este poderia ser entregue às naves visitantes. No entanto, deve ser mencionado que o sistema joviano geralmente apresenta desvantagens para a colonização devido às condições de radiação severas que prevalecem na magnetosfera de Júpiter e também devido ao poço gravitacional profundo do planeta. Júpiter forneceria cerca de 3600 rem por dia a colonos não protegidos em Io e cerca de 540 rem por dia a colonos não protegidos em Europa, o que é suficiente para causar envenenamento por radiação e ser fatal. A Tabela 2.6 mostra a radiação devida às quatro principais luas jovianas.

**Tabela 2.6** Radiação das quatro principais luas jovianas

| Moon | Radiation in rem/day |
|------|----------------------|
| Io | 3600 |
| Europa | 540 |
| Ganymede | 8 |
| Callisto | 0.01 |

Da tabela resulta que Ganimedes recebe cerca de 8 rem de radiação por dia, enquanto Calisto está sujeito a 0,01 rem por dia. Para comparação, podemos mencionar que a quantidade média de radiação absorvida na Terra por um organismo vivo é de cerca de 0,006570 rem/dia. O equivalente de roentgen no homem (rem) é uma unidade CGS popular de dose equivalente, dose efectiva e dose comprometida. O rem é definido como sendo igual a 0,01 sievert, que é a unidade SI mais comummente utilizada. Devido à radiação comparativamente baixa, Calisto é um dos principais alvos escolhidos pelo estudo HOPE. Os cientistas acreditam que Calisto é o único dos satélites galileanos de Júpiter para o qual a exploração humana é viável. O quadro sugere claramente que os níveis de radiação ionizante em Io, Europa e Ganimedes são hostis à vida humana e que, de facto, ainda não foram concebidas medidas de proteção adequadas. É um facto que o envio de voos da Terra para outros planetas do Sistema Solar tem um custo energético elevado. No entanto, poderia ser possível construir uma base à superfície para produzir combustível para uma maior exploração do Sistema Solar. Neste contexto, pode mencionar-se que o Projeto Artemis, em 1997, concebeu um plano para colonizar Europa, no qual se pensava que os exploradores fariam perfurações na crosta de gelo da "Europan" e, depois de entrarem no oceano subsuperficial postulado, habitariam bolsas de ar artificiais. A atmosfera de Júpiter está cheia de manchas com formas variadas. São geralmente nuvens compactas, de forma oval, cuja aparência é bastante diferente da dos seus arredores. Este contraste de caraterísticas pode refletir variações na composição ou no tamanho das partículas da nuvem, para além de diferenças na espessura ótica e na altitude da nuvem, bem como diferenças na textura de pequena escala da nuvem. Algumas manchas mostraram relação com a atividade dos relâmpagos, como se pode ver particularmente nas imagens nocturnas. As manchas são formadas por vários mecanismos. Algumas são reunidas lentamente numa região sem caraterísticas, enquanto outras desenvolvem coerência e emergem do fluxo turbulento. Outras aparecem subitamente como pontos brilhantes e crescem com o tempo por expansão. Da mesma forma, algumas manchas são absorvidas pelo fluxo turbulento e outras são destruídas por fusões, enquanto outras desaparecem por meios simples.

## 2.11 Naves espaciais utilizadas no estudo

A primeira nave espacial a visitar Júpiter em 1973 foi a 'Pioneer 10', seguida pela 'Pioneer 11' alguns meses mais tarde. Passados cerca de seis anos, as sondas 'Voyager 1' e 'Voyager 2' visitaram o planeta em 1979. A 'Ulysses' examinou a magnetosfera de Júpiter em 1992 e também em 2000. A sonda "Cassini" aproximou-se em 2000 e, em 2007, a nave espacial "New Horizons" passou por Júpiter e efectuou medições melhoradas, embora a nave espacial "Galileu" tenha sido a única a entrar numa órbita em torno de Júpiter, chegando em 1995 e estudando o planeta até 2003. A 'Galileo' recolheu muitas informações e conseguiu obter provas da existência de atmosferas finas. Descobriu ainda um campo magnético à volta de Ganimedes. No decurso da sua aproximação a Júpiter, testemunhou o impacto do cometa Shoemaker-Levy 9. As futuras sondas planeadas pela NASA incluem a nave espacial Juno, que entrará numa órbita polar em torno de Júpiter, seguida da Juice.

Por "ciclos de vida" das manchas em causa entendemos o seu aparecimento e desaparecimento, bem como as interações mútuas e as interações com os jactos zonais. Comparando os ciclos de vida observados com os produzidos em modelos numéricos, podemos ter uma melhor compreensão da dinâmica da atmosfera de Júpiter. Podemos dividir os aparecimentos em três tipos:

1) Desenvolvimento de contraste numa região sem

caraterísticas,

2) Desenvolvimento de uma estrutura coerente numa região de outra forma turbulenta,

3) Aparecimento súbito de um ponto brilhante seguido de uma rápida expansão de tamanho.

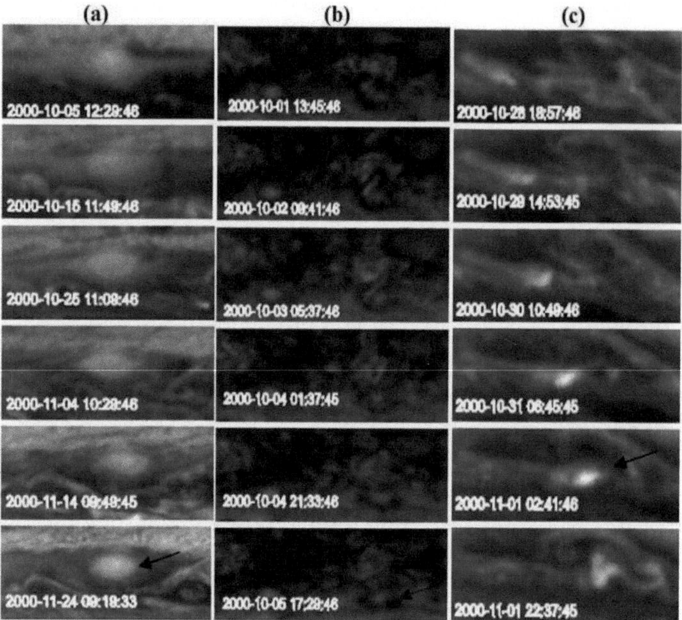

**Figura 2.9** Ilustração dos diferentes tipos de aparecimento de manchas

Em geral, o Tipo 1 ocorre fora dos CR's enquanto os Tipos 2 e 3 ocorrem dentro dos CR's. O Tipo 2 envolve frequentemente a ejeção da mancha de um CR, mas o Tipo 3 descreve caraterísticas de crescimento rápido e facilmente identificáveis que têm frequentemente relâmpagos. Na análise dos dados da Cassini, Porco et al. referiram-se a estas como "tempestades convectivas". Na Figura 2.9 ilustrámos os diferentes tipos de fenómenos de acordo com os resultados obtidos. A Figura 2.9 (a) mostra um exemplo de uma mancha que se forma numa zona relativamente calma (Tipo 1). Esta é, de facto, a forma mais frequente de aparecimento entre os três tipos. O aparecimento gradual da mancha na fotografia não se deve à alteração da resolução. Nas duas primeiras subimagens, verificamos que o embrião não tinha uma forma elíptica e observamos caraterísticas de escala muito mais pequena do que o próprio embrião. A Figura 2.9 (b), por outro lado, revela uma mancha que emergiu da turbulência num CR (Tipo 2). Esta é a segunda forma mais frequente de aparecimento, enquanto a Figura 2.9 (c) apresenta uma mancha muito brilhante que cresce rapidamente (Tipo 3). Esta é a forma menos frequente de aparecimento e é provavelmente uma tempestade convectiva. Nas figuras 2.9 (a), 2.9 (b) e 2.9 (c) o tempo aumenta de cima para baixo. Pode notar-se que na Figura 2.9 (a) o intervalo de tempo entre subimagens vizinhas é de 10 dias, o que indica que a mancha está a desenvolver-se muito lentamente. O intervalo para cada imagem da Figura 2.9a é (12° N-23° N, 350° -17°). A hora da primeira sub-imagem (canto superior esquerdo) é 5 de outubro de 2000 e a grande mancha cobre o centro do jato de

17° N para oeste. Na Figura 2.9 (b) a mancha está a vir de um CR e o intervalo para cada imagem é (42° N-54° N, 230° -267°). A hora da primeira imagem secundária nesta figura é 5 de novembro de 2000. Verifica-se que a mancha se situa numa banda anticiclónica. A Figura 2.9 (c) mostra uma mancha de desenvolvimento rápido numa CR que é provavelmente uma tempestade convectiva 2. Na figura, o intervalo para cada imagem é (9° N-17° N, 8° -30°). A hora da primeira sub imagem é 29 de outubro de 2000. A mancha situa-se numa banda ciclónica.

Podemos também dividir os desaparecimentos em três tipos:

1) Desaparecimento para uma fusão entre dois pontos,
2) Destruição pela turbulência, geralmente num CR,
3) Desvanecimento gradual. Os registos típicos destas três categorias foram analisados detalhadamente na literatura.

A Figura 2.10 (a) apresenta uma pequena mancha destruída por um CR. O intervalo para cada imagem é (46° N-57 ° N, 90° -117 °). A hora da primeira subimagem mostrada no ecrã é 25 de novembro de 2000. A mancha situa-se numa banda anticiclónica e encontra-se com o lado esquerdo de uma estrutura turbulenta no CR. A Figura 2.10 (b), por outro lado, mostra uma mancha que perdeu o contraste e se desvaneceu. Ocasionalmente, este caso assemelha-se ao mostrado na Figura 2.10 (a), absorção por turbulência. O intervalo para cada imagem é (42° N-48° N,

310° -324°). A hora da primeira sub-imagem mostrada no ecrã é 18 de novembro de 2000. A mancha cobre o centro do jato de 45° N para leste. Os tamanhos das diferentes manchas foram tidos em consideração e foi feito um gráfico de dispersão dos diâmetros norte-sul (NS) e este-oeste (EW) com base no brilho e no tempo de vida. No seu estudo, os pontos de longa duração foram considerados aqueles que existiram durante 70 dias e os pontos de curta duração foram aqueles que apareceram e desapareceram durante o período de 70 dias. No entanto, a GRS e a oval branca a -33° não foram incluídas na lista de manchas de longa duração. A Figura 2.11 mostra dois ajustes lineares diferentes entre os dois diâmetros, assumindo que as incertezas de medição nos diâmetros maior e menor são as mesmas. Na figura, o painel superior esquerdo refere-se a manchas brilhantes de vida curta e o painel inferior esquerdo a manchas escuras de vida curta. O painel superior direito diz respeito às manchas brilhantes de vida longa e o painel inferior direito às manchas escuras de vida longa. As linhas sólidas na figura são ajustes lineares de um parâmetro (declive) a partir da origem e as linhas tracejadas são ajustes lineares de dois parâmetros (declive e interceção). As linhas de ajuste a partir da origem sugerem que os pontos de vida longa e os pontos escuros têm rácios NS/EW mais pequenos do que os pontos de vida curta e os pontos brilhantes. O ajuste de dois parâmetros fornece um resultado diferente, uma vez que é mais sensível a manchas com rácios extremamente baixos e altos do que o ajuste a partir da origem. A figura mostra que todos os pontos de vida longa têm diâmetros maiores que 2000 km, enquanto os pontos de vida curta têm diâmetros maiores que variam de menos de 1000 a mais de 6000 km. Não há correlação entre tempo de vida e tamanho para as manchas de vida curta.

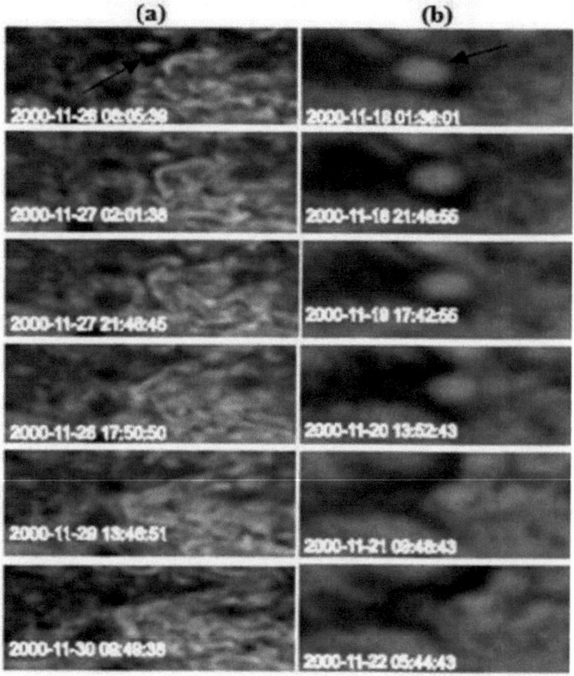


**Figura 2.10** (a) Uma pequena mancha destruída por um CR;
(b) Uma mancha que perdeu o contraste e se desvaneceu

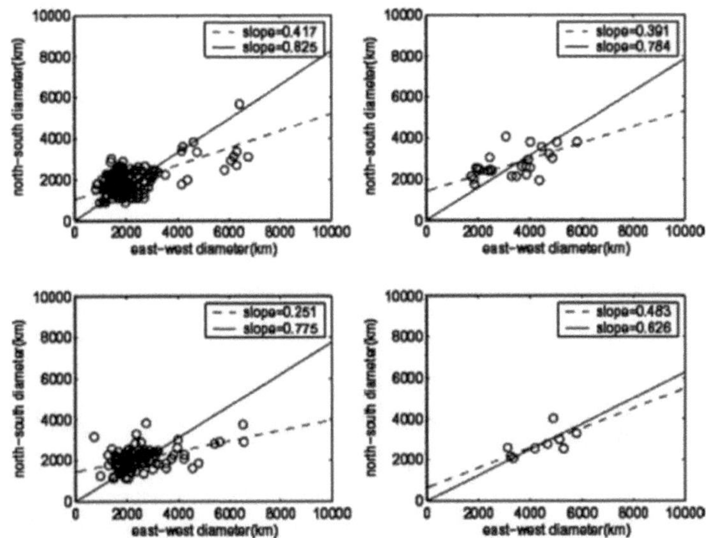

**Figura 2.11** Gráficos de dispersão dos diâmetros maiores e
menores das manchas

## 2.12 Distribuição dos tempos de vida das naves espaciais

O tempo entre o aparecimento e o desaparecimento de uma mancha é designado por tempo de vida. A Figura 2.12 apresenta um histograma dos tempos de vida, construído com base nas manchas com um ciclo de vida completo durante a janela de observação de 70 dias da Cassini. A distribuição dos tempos de vida das manchas com ciclos de vida completos durante o período de 70 dias foi cuidadosamente registada nesta análise. Na figura, cada ponto representa o número médio de manchas num período de vida de 1 dia. O painel superior mostra as tempestades convectivas prováveis, enquanto o painel

97

inferior representa todas as outras manchas.

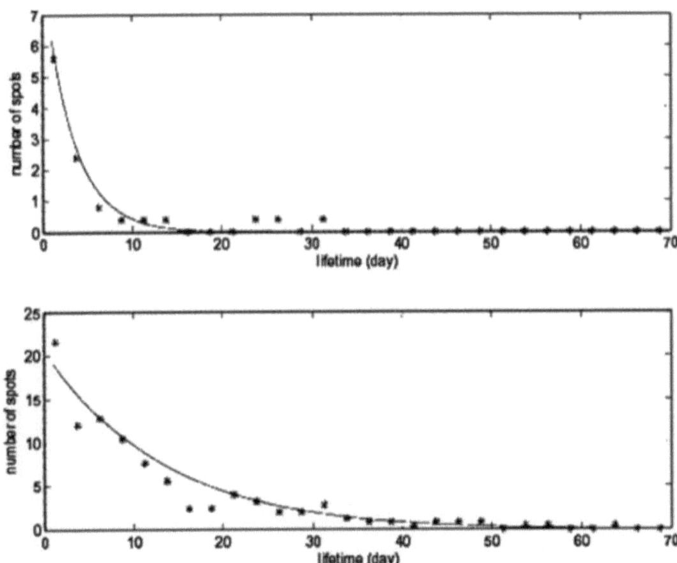

**Figura 2.12** A distribuição dos tempos de vida das manchas com ciclos de vida completos durante o período de 70 dias; painel superior: tempestades convectivas prováveis, painel inferior: todas as outras manchas

Na Figura 2.12, as curvas ajustadas mostram $(70 - t)/70 \, n_\Lambda$ $p(t) \, dt$, onde $dt = 1$ dia e $p(t) = (1/\tau) \exp(-t/\tau)$. Para o valor de $n_\Lambda$, calculamos a média do número de aparições e do número de desaparecimentos, uma vez que os dois são iguais, exceto no que respeita às flutuações estatísticas. Isto mostra $n_\Lambda = 29{,}5$ para o painel superior e $n_\Lambda = 345$ para o painel inferior. Um parâmetro ajustável é $\tau$ que é obtido após o ajuste como $\tau = 3{,}5$ dias para as prováveis tempestades convectivas e $\tau = 16{,}8$ dias para todas as outras manchas. Também compararam os valores observados e esperados de $n_{LL}$, $n_{AO}$, $n_{DO}$ e $n_{AD}$ para as prováveis tempestades convectivas e para todas as outras manchas. Há mais manchas com tempos de vida longos do que a distribuição exponencial poderia sugerir e também as manchas de vida longa têm distribuições diferentes em relação à latitude e ao tamanho do que as manchas que aparecem e desaparecem na janela de observação da Cassini (Tabela 2.7).

**Quadro 2.7** Número de aparições e desaparecimentos

| | long-lived spots, lifetime > 70-days($n_{ll}$) | appear only, disappear later ($n_{ao}$) | disappear only, appeared earlier ($n_{do}$) | appear and disappear in the 70-day period ($n_{ad}$) |
|---|---|---|---|---|
| **probable convective storms (expected)** | 0 | 2 | 2 | 27 |
| **probable convective storms (observed)** | 0 | 3 | 0 | 28 |

| all other compact spots (expected) | 1 | 82 | 82 | 263 |
|---|---|---|---|---|
| all other compact spots (observed) | 35 | 123 | 89 | 239 |

O valor esperado para o número total de pontos que aparecem e desaparecem na janela é,

$$n_{AD} = n_A \int_0^{70} \frac{(70-t)}{70p(t)}\, dt \quad (70 - t)/70p(t)\, dt \quad ...(1.1)$$

O número esperado $n_{AO}$ de manchas que só aparecem na janela e desaparecem mais tarde é $n_A - n_{A\eta}$. O número esperado $n_{\square O}$ de manchas que só desaparecem na janela e aparecem mais cedo também é $n_A - n_{A\eta}$. Os números reais serão diferentes devido a flutuações estatísticas. A informação sobre o tempo de vida t > 70 dias está contida no número $n_{LL}$ de manchas de longa duração que existiram durante todo o período de observação. Para ser incluída neste número, uma mancha com tempo de vida t deve aparecer não mais do que (t - 70) dias antes do início da janela de observação da Cassini. Assim, se $n_A p(t)\, dt$ é o número médio de manchas que aparecem numa janela de 70 dias com tempos de vida no intervalo (t, t + dt), então $(t - 70)/70 n_A p(t)$ dt é o número que existe $\infty$ durante todo o período de observação. O integral é o valor esperado de $n_{LL}$:

$$n_{LL} = n_A \int_{70}^{\infty} \frac{(t-70)}{70\, p(t)}\, dt \qquad \ldots (1.2)$$

## 2.13 Interação com o GRS

Como o maior anticiclone da atmosfera joviana, o GRS existe há pelo menos 100 anos e provavelmente há mais de 300 anos. Smith, Mac Low e Ingersoll registaram que o GRS absorveu anticiclones mais pequenos, o que sugere que o GRS se mantém desta forma. O seu resultado é derivado de observações da Voyager, quando o SEB estava numa das suas fases perturbadas. No decurso do encontro com a Cassini, o SEB estava também numa fase perturbada, tal como aconteceu durante o encontro com a Pioneer 10 em 1973. A Tabela 2.8 mostra os nove pontos absorvidos pelo GRS e os seus pormenores associados. Durante o período de 70 dias, foram identificadas nove grandes manchas (diâmetro maior do que 2000 km) que foram absorvidas pelo GRS a partir do leste. As grandes manchas absorvidas pelo GRS são originárias dos CR's no SEB a oeste do GRS. Elas são arrastadas para o jato de oeste a sul do SEB e encontram o GRS a partir de leste.

## Tabela 2.8 Nove pontos absorvidos pelo GRS

| Sl. No. | Time of absorbing | Long diameter (Km) | Short diameter (Km) | Vorticity |
|---|---|---|---|---|
| 1 | Oct 14 00:57 | 3513 | 1466 | Anticyclone |
| 2 | Oct 18 14:37 | 5387 | 2053 | Anticyclone |
| 3 | Nov 08 17:33 | 6675 | 2443 | Unknown |
| 4 | Nov 12 14:37 | 5738 | 2443 | Anticyclone |
| 5 | Nov 17 01:10 | 3513 | 1662 | Anticyclone |
| 6 | Nov 17 21:02 | 2576 | 1173 | Anticyclone |
| 7 | Nov 28 16:19 | 2928 | 1759 | Unknown |
| 8 | Dec 02 20:02 | 3748 | 1759 | Anticyclone |
| 9 | Dec 09 11:42 | 5270 | 2150 | Anticyclone |

A Figura 2.13 mostra um histórico temporal de pontos originários das regiões caóticas no SEB a oeste do GRS. As observações de relâmpagos revelam que a convecção húmida associada a tempestades convectivas é altamente ativa na SEB a oeste do GRS. A figura mostra ainda duas outras prováveis tempestades convectivas que aparecem nas mesmas regiões caóticas no SEB. No entanto, estas observações apoiam a ideia de que as regiões caóticas no SEB, as prováveis tempestades convectivas e o jato de oeste compõem um sistema que suporta o GRS. Neste sistema, as tempestades convectivas no SEB obtêm energia do interior de Júpiter devido à convecção húmida e fornecem energia aos pontos compactos que serão absorvidos pelo GRS.

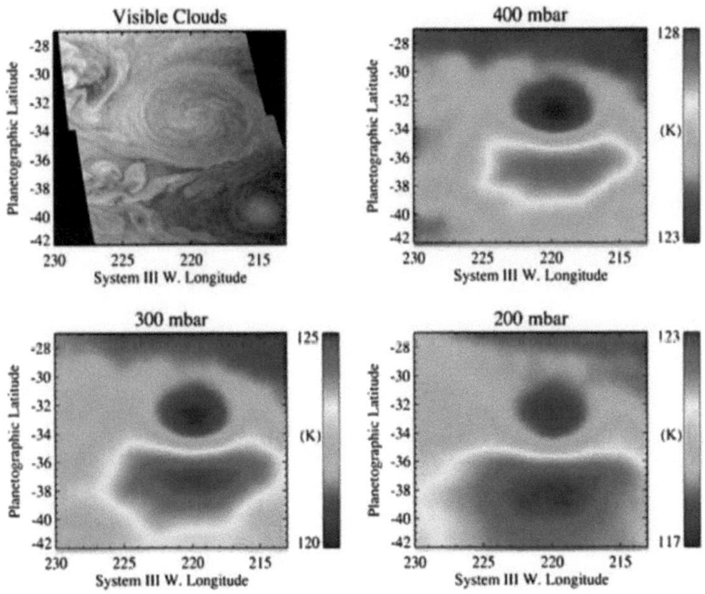

**Figura 2.13** Uma comparação multi-comprimento de onda do
LRS (em cima) **e do GRS (em baixo)**

## Referências

1. D. Savage, 2001, NASA Selects Pluto-Kuiper Belt Mission For Phase B Study, *NASA.*

2. A sonda espacial da NASA para Plutão começa a preparar o lançamento, 2005, *SpaceDaily.*

3. http://www.　　nytimes.com/2006/01/17/science/17cnd-pluto.html?_r=0

4. http://www.space.com/1957-launch-nasa-pluto-probe-delayed- 24-hours.html

5. A. Amir, 2006, Planetary News: New Horizons (2006) New Horizons launched on its way to Pluto, *The Planetary Society.*

6. W. Harwood, 2006, New Horizons launches on voyage to Pluto and beyond, *Spaceflight.*

7. T. Malik, 2006, Pluto-Bound Probe Passes Mars' Orbit, *Space.com.*

8. K. Beisser, 2006, New Horizons, Not Quite to Jupiter, Makes First Pluto Sighting, *JHU/APL.*

9. Distância entre Marte e a Terra em 7 de abril de 2006.

10. B. Olkin, L. Reuter, S. Binzel, et al., 2006, The New Horizons Distant Flyby of Asteroid 2002 JF56, *Bulletin of the American Astronomical Society,* 38, 597.

11. Sítio Web da New Horizons, *Pluto.jhuapl.edu,* recuperado a 1 de agosto de 2012.

12. Distância entre Saturno e a Terra em 8 de junho de 2008, Recuperado em março de 2011.

13. R. Villard, 2009, New Horizons Crosses Halfway Point to Pluto, *Discovery Communications,* LLC.

14. Distância entre Plutão e a Terra em 29 de dezembro de 2009, Recuperado em março de 2011.

15. Propriedades da New Horizon em 29 de dezembro de 2009, recuperado em março de 2011.

16. Nave espacial atinge o ponto médio do voo para Plutão, *Space.com.* 26 de fevereiro de 2010.

17. Space Spin - New Horizons aventura-se para além da órbita de Saturno, 9 de junho de 2008.

18. SPACE.com Staff, 2011, NASA Pluto Probe Passes Orbit of Uranus, *SPACE.com.*

19. Twitter.com - New Horizons 2015.

20. New Horizons on Approach: 22 AU Down, Just 10 to Go, *JHU/APL.*

21. Sítio Web da New Horizons, *Pluto.jhuapl.edu,* 18 de março de 2011.

22. Ingersoll, A.P., Dowling, T.E., Gierasch, PJ. et al (2004), Dynamics of Jupiter's Atmosphere, In Bagenal, F., Dowling, T.E., McKinnon, W.B., *Jupiter: The Planet, Satellites and Magnetosphere,* Cambridge, Cambridge University Press.

23. K.S. Noll, M.A. McGrath, H.A. Weaver, R.V. Yelle, L.M. Trafton, S.K. Atreya, J.J. Caldwell, C. Barnet e S. Edgington, 1995, HST Spectroscopic Observations of Jupiter Following the Impact of Comet Shoemaker-Levy 9,

*Science,* 267, 1307-1313.

24.  C.T. Russell, 1993, Planetary Magnetospheres, *Reports on Progress in Physics,* 56, 687-732.

25.  K.K. Khurana, M.G. Kivelson, et al. 2004, The configuration of Jupiter's magnetosphere, In Bagenal, F., Dowling, T.E., McKinnon, W.B., *Jupiter: The Planet, Satellites and Magnetosphere,* Cambridge University Press.

26.  M.G. Kivelson, 2005, The current systems of the Jovian magnetosphere and ionosphere and predictions for Saturn, *Space Science Reviews (Springer),* 116, 299-318.

27.  E.J. Smith, L. Davis, Jr. et al. 1974, The Planetary Magnetic Field and Magnetosphere of Jupiter: Pioneer 10, *Journal of Geophysical Research,* 79, 3501-13.

28.  M. Blanc, R. Kallenbach, e N.V. Erkaev, 2005, Solar System magnetospheres, *Space Science Reviews,* 116, 227-298.

29.  S.W.H. Cowley e E.J. Bunce, 2001, Origin of the main auroral oval in Jupiter's coupled magnetosphere-ionosphere system, *Planetary and Space Science,* 49, 1067-66.

30.  T.M. Edwards, E.J. Bunce e S.W.H. Cowley, 2001, A note on the vetor potential of Connerney et al.'s model of the equatorial current sheet in Jupiter's magnetosphere, *Planetary and Space Science,* 49, 1115-1123.

31.  N. Krupp, V.M. Vasyliunas, et al. 2004, Dynamics of the

Jovian Magnetosphere, In Bagenal, F. et al., *Jupiter: The Planet, Satellites and Magnetosphere*, Cambridge University Press.

32. L. Palier, and R. Prangé, 2001, More about the structure of the high latitude Jovian aurorae, *Planetary and Space Science,* 49, 1159-73.

33. A. Bhardwaj e G.R. Gladstone, 2000, Auroral emissions of the giant planets, *Reviews of Geophysics,* 38, 295-353.

34. S.W.H. Cowley e E.J. Bunce, 2003, Modulation of Jovian middle magnetosphere currents and auroral precipitation by solar wind-induced compressions and expansions of the magnetosphere: initial response and steady state, *Planetary and Space Science,* 51, 31-56.

35. S. Miller, A. Aylward e G. Millward, 2005, Giant Planet Ionospheres and Thermospheres: The Importance of IonNeutral Coupling, *Space Science Reviews,* 116, 319-343.

36. J.T. Clarke, J. Ajello, et al. 2002, Ultraviolet emissions from the magnetic footprints of Io, Ganymede and Europa on Jupiter, *Nature,* 415, 997-1000.

37. R.F. Elsner, B.D. Ramsey, et al. 2005, X-ray probes of magnetospheric interactions with Jupiter's auroral zones, the Galilean satellites, and the Io plasma torus, *Icarus,* 178, 417428.

38. A. B. Bhattacharya e B. Raha, 2013, Spacecrafts as viewing instrument of Jupiter's aurora, *International Journal*

*of Physics,* 6, 85-93.

39. T. Guillot, 1999, A comparison of the interiors of Jupiter and Saturn, *Planetary and Space Science,* 47, 1183-1200.

40. M. Wolverton, 2004, *The Depths of Space,* Joseph Henry Press, 130.

41. As missões Pioneer, 2007, NASA. Recuperado em 2009-06-28.

42. Missão Galileu a Júpiter, *NASA/Laboratório de Propulsão a Jato.* Recuperado em 2009-07-09.

43. S. McConnell, 2003, Galileo: Journey to Jupiter, *NASA/Laboratório de Propulsão a Jato.* Recuperado em 2006-11-28.

44. P.C. Thomas, J.A. Burns e L. Rossier, 1998, The Small Inner Satellites of Jupiter, *Icarus,* 135, 360-371.

45. D. R. Williams, 2008, Ulysses e Voyager 2, *Ciência Lunar e Planetária.* Centro Nacional de Dados de Ciências Espaciais. Recuperado em 25 de agosto de 2008.

46. Comet Shoemaker-Levy 9 Collision with Jupiter (2005), *National Space Science Date Center,* NASA. Recuperado em 200808-26.

47. T Z. Martin, 1996, Shoemaker-Levy 9: Temperature, Diameter and Energy of Fireballs, *Bulletin of the American Astronomical Society,* 28, 1085.

48. C. J. Hansen, S. J. Bolton, D. L. Matson, L. J. Spilker e J. P. Lebreton, 2004, The Cassini-Huygens flyby of Jupiter, *Icarus,* 172, 1-8.

49. Cassini-Huygens: Comunicados de imprensa-2003, NASA.

50. A. Alexander, 2006, New Horizons Snaps First Picture of Jupiter, *The Planetary Society.*

51. Sítio Web New Horizons, *Universidade Johns Hopkins.*

52. S. A. Stern, 2008, The New Horizons Pluto Kuiper Belt Mission: An Overview with Historical Context, *Space Science Reviews,* 140, 3.

53. NASA Spacecraft Gets Boost From Jupiter for Pluto Encounter (2007), *The America's Intelligence Wire.*

54. A. F. Cheng, H. A. Weaver, S. J. Conard, M. F. Morgan, O. Barnouin-Jha, J. D. Boldt, K. A. Cooper, E. H. Darlington, 2008, Long-Range Reconnaissance Imager on New Horizons, *Space Science Reviews,* 140, 189.

55. Fantastic Flyby (2007), NASA.

56. Sítio Web oficial da Artemis Society International

57. P. Kokh, M. Kaehny, D. Armstrong e K. Burnside, 1997, Europa II Workshop Report, *Moon Miner's Manifesto,* 110.

58. P. Troutman e K. Bethke, 2003, Revolutionary Concepts for Human Outer Planet Exploration, NASA. Recuperado em 2009-07-02.

59. Vision for Space Exploration (2003), NASA.

60. R. Zubrin, 1999, *Entering Space: Creating a Spacefaring Civilization,* secção: Settling the Outer Solar System: The Sources of Power, 158-160, Tarcher/Putnam.

61. Jeffrey Van Cleve (Universidade de Cornell) et al.,

"Helium-3 Mining Aerostats in the Atmosphere of Uranus", Resumo para a Mesa Redonda sobre Recursos Espaciais, acedido em 10 de maio de 2006

62. B. Palaszewski, 2006, Atmospheric Mining in the Outer Solar System, *Glenn Research Center.*

63. F. A. Ringwald, 2000, SPS 1020 (Introdução às Ciências Espaciais), *Universidade Estatal da Califórnia, Fresno.*

64. R. Zubrin, 1999, *Entering Space: Creating a Spacefaring Civilization*, secção: Colonizing the Jovian System, 166-170, Tarcher/Putnam.

65. F. A. Ringwald, 2009, SPS 1020 (Introdução às Ciências Espaciais)". Universidade Estadual da Califórnia, Fresno. Recuperado em 20 de setembro de 2009.

66. F. A. Ringwald, 2000, SPS 1020 (Introdução às Ciências Espaciais), *Universidade Estatal da Califórnia, Fresno.*

67. P.A. Troutman, *et al.* 2003, Revolutionary Concepts for Human Outer Planet Exploration (HOPE), *American Institute of Physics Conference Proceedings*, 654, 821-828.

68. S.P. Synnott, 1981, 1979J3: Discovery of a Previously Unknown Satellite of Jupiter, *Science*, 212, 1392.

69. Humanos na Europa: A Plan for Colonies on the Icy Moon, 2001, *Space.com.*

70. O projeto da missão Europa Orbiter, Hdl.handle.net. Recuperado em 2009-05-20.

71. A. B. Bhattacharya e B. Raha, 2013, Spectral behavior of

Jupiter and the influence of sun on its radio emission by, *International Journal of Electrical Engineering and Embedded Systems,* 5, 107-114.

72. B. A. Smith, L. A. Soderblom, T. V. Johnson, A. P. Ingersoll, S. A. Collins, E. M. Shoemaker, G. E. Hunt, H. Masursky, M. H. Carr, M. E. Davies, A. F. Cook II, J. Boyce, G. E. Danielson, T. Owen, C. Sagan, R. F. Beebe, J. Veverka, R. G. Strom, J. F. McCauley, D. Morrison, G. A. Briggs, V. E. Suomi, 1979, The Jupiter system through the eyes of Voyager 1, *Science,* 204, 951-972.

73. A. P. Ingersoll, R. F. Beebe, S. A. Collins, G. E. Hunt, J. L. Mitchell, J. P. Muller, B. A. Smith, R. J. Terrile, 1979, Zonal velocity and texture in the Jovian atmosphere inferred from Voyager images, *Nature,* 280, 773-775.

74. J. L. Mitchell, R. J. Terrile, B. A. Smith, J. P. Müller, A. P. Ingersoll, G. E. Hunt, S. A. Collins, R. F. Beebe, 1979, Jovian cloud structure and velocity fields, *Nature,* 280, 776-778.

75. B. Little, C. D. Anger, A. P. Ingersoll, A. R. Vasavada, D. A. Senske, H. H. Breneman, W. J. Borucki, 1999, Galileo images of lightning on Jupiter, *Icarus,* 142, 306-323.

76. P. J. Gierasch, A. P. Ingersoll, D. Banfield, S. P. P. Ewald, Helfenstein, A. Simon-Miller, A. Vasavada, H. H. Breneman, D. A. Senske, 2000, Observation of moist convection in Jupiter's

atmosfera, *Nature,* 403, 628-630.

77. M.-M. Mac Low, A. P. Ingersoll, 1986, Merging of vortices

in the atmosphere of Jupiter: an analysis of Voyager images, *Icarus,* 65, pp. 353-369, 1986.

78. A. P. Ingersoll, P. -G. Cuong, 1981, Numerical model of long- lived Jovian vortices, *Journal of Atmospheric Sciences,* 38, 2067-2074.

79. G.P. Williams, T Yamagata, 1984, Geostrophic regimes, intermediate solitary vortices and Jovian eddies, *Journal of Atmospheric Sciences*, 41, 453-478.

80. P.S. Marcus, 1988, Numerical simulation of Jupiter's Great Red Spot, *Nature,* 331, 693-696.

# Capítulo 3: Instrumentação e deteção de emissões de rádio de Júpiter

## 3.1 Antecedentes

Karl Jansky, um engenheiro dos Laboratórios Bell, foi o primeiro a falar de ondas de rádio extraterrestres, com uma frequência de cerca de 20 MHz. Eventualmente, através de experiências, concluiu que o sinal por ele recebido não era ruído mas sim proveniente do centro da Via Láctea. Depois de Jansky, Grote Reber continuou o estudo das ondas de rádio e desenvolveu hipóteses para este fenómeno. Após a receção de rajadas de rádio de Júpiter, os cientistas tentaram esclarecer a causa desta emissão de rádio. Começaram a fazer observações, registando o tempo do sinal recebido e analisaram a intensidade das rajadas radioeléctricas decamétricas, em particular a parte de Júpiter que se encontrava em frente a elas num determinado momento, o que pode ser conseguido a partir da sua taxa de rotação. Compreendeu-se que o som audível de Júpiter depende em grande parte da parte de Júpiter que está virada para nós nesse momento. Também se percebeu que a emissão de rádio depende da longitude joviana. Estas longitudes são algo como "pontos de referência", o que significa que Júpiter não está apenas a emitir ondas de rádio em todas as direcções, mas também a emitir ondas de rádio para o espaço. A partir de observações cuidadosas, os astrónomos conseguiram encontrar alterações na localização das fontes de rádio em Júpiter e no comportamento das emissões. Os sinais misteriosos vindos do espaço foram descobertos em 1955 por radioastrónomos que pensaram inicialmente que se tratava de uma interferência local; alguns consideraram mesmo que se tratava do sistema de ignição ruidoso de uma carrinha. Num estudo sistemático, verificou-se que o planeta Júpiter se encontrava no feixe da antena cruzada durante todo o tempo em que os sinais foram ouvidos e registados. Ao contrário de muitas antenas parabólicas de radioastronomia, a enorme Cruz de Mills era composta por mais de 100 dipolos enfiados entre postes de madeira. Os dipolos foram colocados em fase para produzir um feixe estreito, orientável e fino com 2,5° de largura, considerando a frequência de funcionamento de 22,2 MHz. Os investigadores apontaram antenas de ondas curtas para Júpiter com o objetivo de compreender a origem destes poderosos sinais. Júpiter gigante é uma grande bola de gás com um pequeno núcleo de hidrogénio sólido e um forte campo magnético. As quatro grandes luas de Júpiter, Io, Europa, Ganimedes e Calisto, foram vistas pela primeira vez por Galileu, utilizando o seu telescópio primitivo.

## 3.2 Formação da Magnetosfera Joviana

As emissões de rádio de Júpiter parecem seguir um período de rotação constante, ou seja, nem abrandam nem aceleram. Além disso, as ondas de rádio de Júpiter são maioritariamente polarizadas, o que envolve a causa das ondas de rádio, a condição na fonte das ondas e também a condição no espaço entre Júpiter e a Terra. Ondas de rádio polarizadas significam que estas ondas estão a vir de uma zona onde está presente um campo magnético. Este facto, de facto, apoia fortemente que Júpiter tem um campo magnético. A presença do campo magnético de Júpiter, bem como os "pontos de referência" de rádio que reaparecem a um intervalo constante, sugerem que Júpiter está provavelmente a rodar ao mesmo ritmo numa parte interior ou no núcleo de Júpiter, onde há uma geração de campo magnético. Uma magnetosfera é definida como um campo eletromagnético muito grande que rodeia os planetas e outros corpos celestes. Se um planeta tem uma quantidade suficiente de material magnético, causando uma quantidade substancial de corrente, então pode formar-se uma magnetosfera à sua volta. A magnetosfera de Júpiter é muito dinâmica. Deve-se à combinação de três factores:

(i) a força do campo magnético planetário,

(ii) a rotação rápida do planeta e

(iii) a baixa densidade do vento solar a 5,2 UA. Tal como noutras magnetosferas, Júpiter tem uma cauda magnética que se estende na direção anti-solar.

A emissão de ondas de rádio varia com o tempo e, por isso, as cintas de radiação não estão permanentemente presas, mas espalham-se nas linhas do campo magnético. A magnetosfera em torno de Júpiter é bastante diferente das que rodeiam os planetas rochosos como a Terra, na sua dimensão e caraterísticas. Como muitas magnetosferas, é formada pelo campo magnético do planeta. O material magnético necessário para criar este campo está localizado numa área particular de Júpiter chamada célula metálica líquida. A grande magnetosfera de Júpiter cobre todas as suas luas e outros pedaços de matéria celeste que o orbitam. Supõe-se que o anel aquecido de partículas carregadas (o toro) possui um poderoso campo elétrico. Quando este campo elétrico entra em contacto com o campo magnético intrínseco de Júpiter, o resultado são emissões de rádio. Se certas partículas são empurradas para a corrente de iões, chamada fluxo aural, são produzidos ruídos de rádio DAM (decamétricos). Se partículas carregadas (por exemplo, electrões e protões) se deslocam através de um campo magnético, as partículas aceleram e movem-se em espiral à volta das linhas do campo magnético em direção ao pólo sul ou ao pólo norte. Estas partículas carregadas aceleradas emitem radiação que depende da energia das partículas carregadas. As partículas carregadas, movendo-se no campo magnético de Júpiter, geram ondas de rádio cuja frequência aumenta com a força do campo magnético. Esta emissão de rádio é conhecida como emissão ciclotrónica. As ondas de rádio decamétricas têm frequências entre 10 e 40 MHz. Este tipo de ondas de rádio de Júpiter nunca é ouvido acima dos 40 MHz. Júpiter emite radiação ciclotrónica a partir de electrões aprisionados, mais especificamente, no seu forte campo magnético. Esta gama de emissão varia entre 1 MHz e ~39,5

MHz com um pico a cerca de 10 MHz. No entanto, as frequências abaixo de ~15 MHz não são adequadas para penetrar na ionosfera da Terra e, mais uma vez, a intensidade das emissões diminui rapidamente se formos para valores mais elevados. Consequentemente, a frequência de ~20,1 MHz é considerada a frequência óptima para receber as emissões Jovianas na superfície da Terra.

## 3.3 Declinação e elevação de Júpiter

A declinação de Júpiter varia entre 23,5°S e 23,5°N, com o ciclo completo a demorar aproximadamente 12 anos (Figura 2.1). As declinações do norte (+) entre 2011 e 2016 favorecem os observadores do hemisfério norte, enquanto as declinações do sul (-) de 2017 a 2023 favorecem o hemisfério sul.

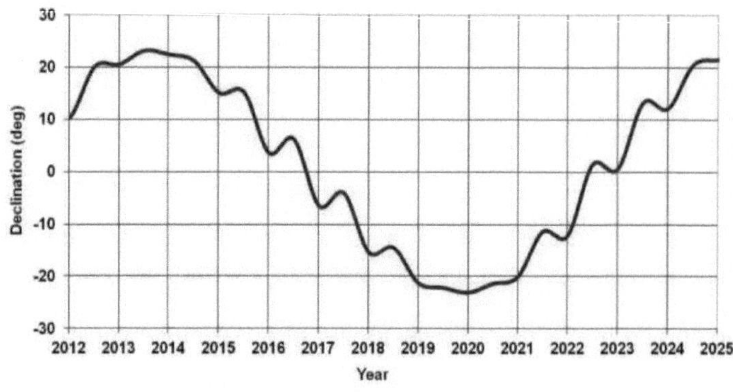


**Figura 3.1** A declinação de Júpiter varia entre 23,5°N e 23,5°S

Portanto, 2011-2016 é favorável para observar Júpiter no nosso observatório em Kalyani (22⁰ 59.4' N, 88⁰ 26.9' E).

## 3.4 Detalhes do instrumento Radio Jove

A antena foi concebida para receber o sinal correspondente a uma frequência de 20,1 MHz. A antena, sustentada por tubos de PVC de altura variável, está devidamente fixada por corda e estacas e é puxada firmemente paralela ao solo para receber as ondas de rádio com precisão. Como a antena está numa configuração dipolo, os fotões atingem cada pólo uma vez e, assim, com um comprimento de onda desejado, podem atingir a antena duas vezes. Quando os fotões atingem a antena de fio, são produzidos impulsos eléctricos que se deslocam para o meio do dipolo, se forem unidos num cabo coaxial, como se mostra na figura. O cabo é construído de forma a que as suas duas extremidades tenham ligações macho. Cada fio de cobre é separado por um isolador, fazendo com que os impulsos cheguem ao recetor de forma independente. Com vista a proporcionar um percurso contínuo para o impulso elétrico, o cabo coaxial é dividido e soldado a cada fio de cobre. Em seguida, foi adicionado um toróide à volta do fio para evitar o fluxo de corrente ao longo da blindagem de cobre. A partir de ambos os dipolos, a corrente propaga-se para o cabo coaxial com um fator de velocidade de 66%. Isto significa que o sinal de rádio está a viajar pelo cabo a 0,66 c. Os impulsos são devidamente unidos num combinador de potência com duas entradas fêmeas e uma saída fêmea. A saída é deixada passar por um outro cabo coaxial até à entrada do recetor Jove. A antena foi orientada de modo a poder captar o máximo de radiação do Júpiter. Assim, a antena foi colocada com os pólos virados para leste e oeste durante um certo período de tempo e depois a orientação da antena para norte e sul durante outras partes do dia, tendo em conta as posições variáveis de Júpiter em relação ao Sol. Os pólos ligados ao condutor interno e à trança externa do cabo coaxial devem estar voltados para a mesma direção em relação ao seu par, independentemente da orientação no tempo, caso contrário, quando os sinais se reunirem, reagirão como se cada dipolo estivesse a ser atingido por ondas em direcções opostas, causando assim a desfasagem dos impulsos. A figura 3.2 mostra as ligações da antena ao recetor. A figura 3.3 mostra a configuração do sistema de dipolo Jove. A figura 3.4 apresenta a descrição do diagrama de blocos do recetor Jove.

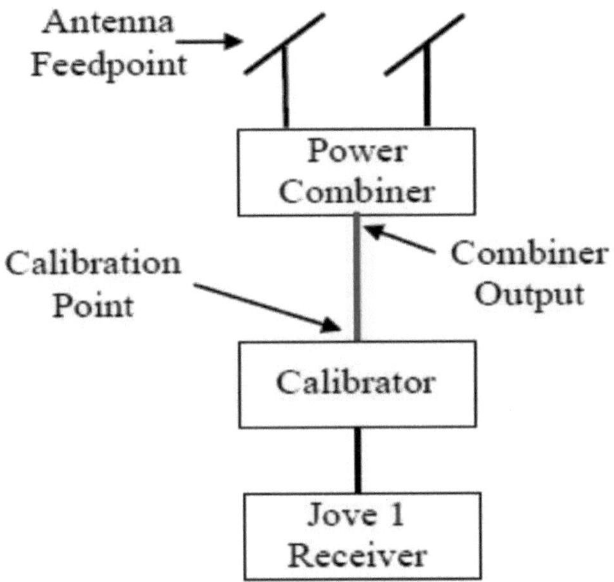


**Figura 3.2** Esquema da instalação

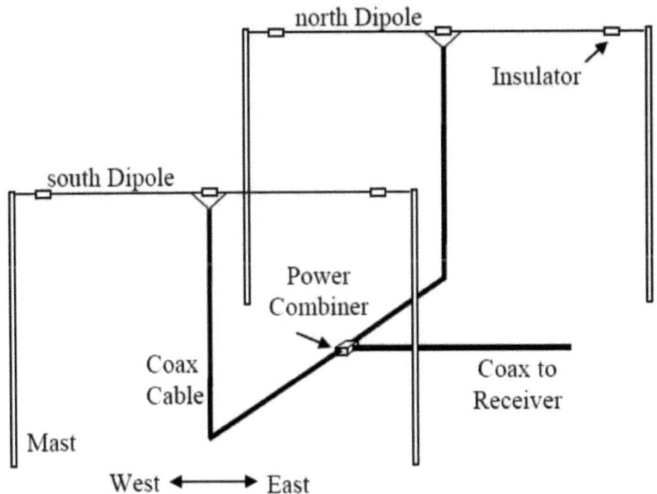

**Figura 3.3** Configuração do sistema dipolo Jove

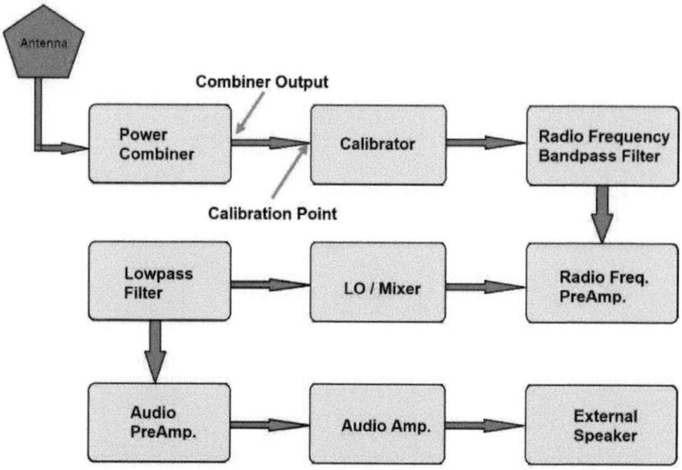

**Figura 3.4** Diagrama de blocos do recetor Jove

O sistema de rádio Jove é composto por três partes:

(a) **A antena da Radio Jove**:

Consiste em duas antenas dipolo de meia onda idênticas que podem ser colocadas em fase em conjunto com uma linha de alimentação. Quando convertida numa antena de onda completa, o ganho é aumentado em 2 dB, mas o ângulo de sensibilidade máxima é reduzido de 90° para 60°. O Radio Jupiter pro gera um ecrã em tempo real que mostra a localização do Sol e de Júpiter no céu. É particularmente importante que Júpiter esteja no feixe para obter o ganho máximo da antena.

(b) **O Recetor Jove:**

O recetor é uma conceção simples de conversão direta que funciona numa banda estreita de frequências centrada em 20,1 MHz. O recetor funciona pegando no sinal fraco da antena e filtrando a frequência. Converte a frequência de rádio para um espetro de áudio de 3,5 kHz e amplifica o sinal. A filtragem da frequência é efectuada através do emparelhamento dos condensadores que resistem à corrente contínua mas passam a corrente oscilante. A conversão direta da frequência de rádio para a frequência de áudio é feita subtraindo o sinal recebido de um sinal de referência gerado por um oscilador num CI.

(c) **O Calibrador Jove**:

O calibrador RF 2080 C/F contém uma fonte de ruído calibrada de 25000° e um filtro passa-banda de 20,1 MHz com uma perda de aproximadamente 1,5 dB. O filtro passa-faixa reduz as interferências no recetor Jove causadas por estações de radiodifusão internacionais fortes e linhas eléctricas próximas. A figura 3.5 mostra o diagrama de blocos do calibrador.

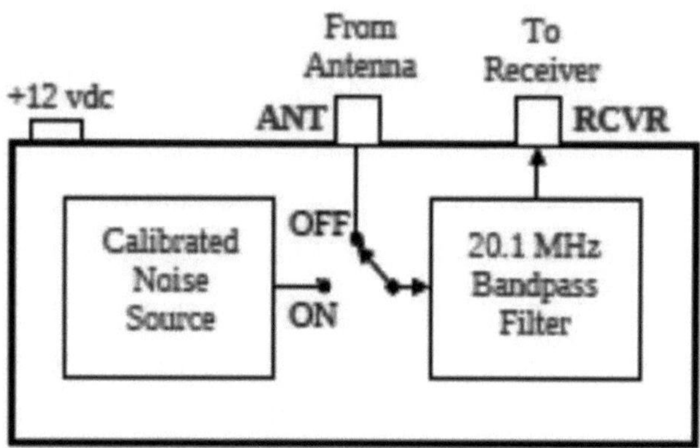


**Figura 3.5** Diagrama de blocos do calibrador

## 3.5 Funcionamento linear e não linear do recetor Jove

O recetor Jove apresenta um funcionamento linear numa vasta gama de potências de sinal. Isto significa que se a entrada for duplicada em força, então a saída também será duplicada. No entanto, a dada altura, a saída já não pode seguir a entrada. Nesta região não linear, diz-se que o recetor está saturado. Na região linear, é possível calibrar o sistema num único ponto. A calibração significa medir a SPU para uma temperatura de ruído conhecida nos terminais da antena do recetor. Uma equação simples relaciona a SPU com a temperatura para todos os outros sinais na região linear. Se os sinais entrarem em compressão, então a calibração deixa de ser válida. A Figura 3.6 mostra o funcionamento da região linear e não linear da intensidade do sinal.

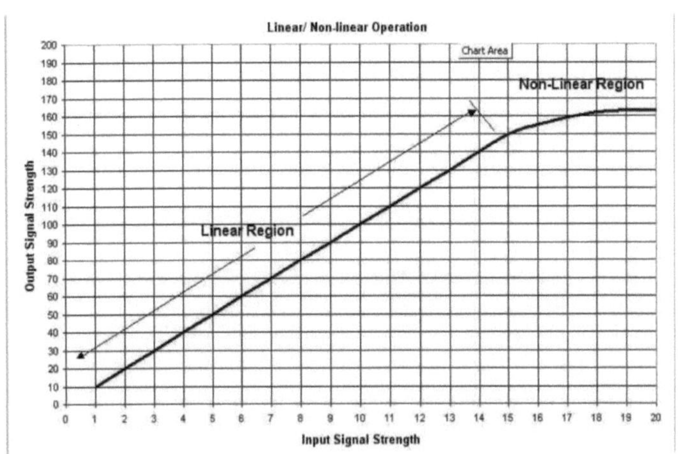


**Figura 3.6** Região linear e não linear

A região da coroa plasmática consiste em material completamente ionizado contendo principalmente protões e electrões aprisionados pelas linhas do campo magnético global do Sol. A Figura 3.7 mostra uma representação esquemática da coroa solar e da sua extensão ao meio interplanetário. A figura revela as principais caraterísticas envolvidas no processo, como as excecionalmente grandes serpentinas coronais. A luz resulta da dispersão da radiação solar por electrões livres no gás ionizado. A forma da coroa depende da distribuição das linhas do campo magnético. É possível estudar caraterísticas transitórias devido a ejecções de massa em grande escala através da coroa. A gama de frequências envolvida na região da coroa solar é apresentada na Figura 3.8. Na figura, as gamas de frequências estão ligadas a certas partes da atmosfera solar. A seleção da frequência fixa de 406,7 MHz do recetor é evidente, uma vez que pode fornecer com sucesso o nosso interesse de receção do sinal de rádio da região da coroa do Sol.

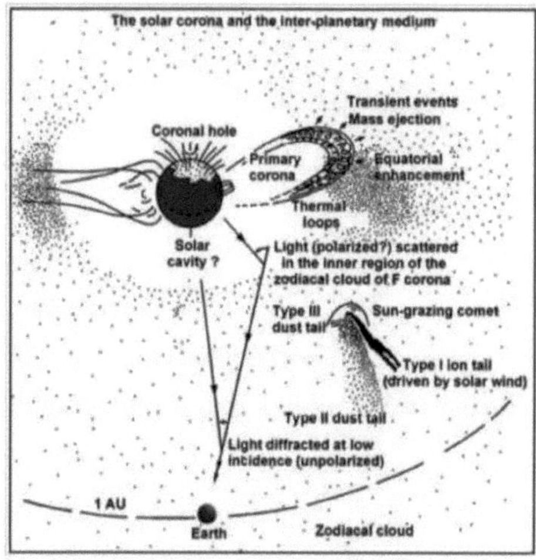



**Figura 3.7** Representações esquemáticas da coroa solar e das suas extensões no meio interplanetário

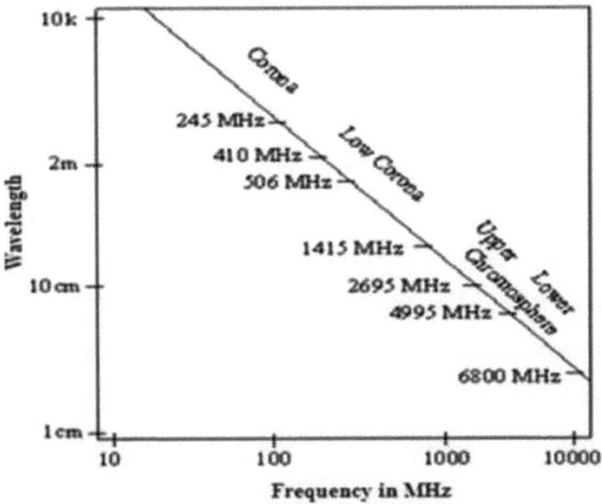


**Figura 3.8** Espectros de frequência solar

## 3.6 Deteção de emissões de rádio de Júpiter

As partículas que espiralam ao longo das linhas de campo na magnetosfera Joviana irradiam energia electromagnética sob a forma de emissões de ciclotrões e sincrotrões. Em geral, estas radiações são direcionais, deixando a vizinhança do planeta como feixes de rádio estreitos. Das pelo menos sete fontes identificadas, algumas estão correlacionadas com certos alinhamentos rotacionais do campo magnético de Júpiter, enquanto outras estão relacionadas com o alinhamento do campo magnético e a posição da lua Io, tal como observada da Terra. As primeiras são designadas por fontes independentes de Io e são designadas por Não-Io-B ou Não-Io-A, etc., enquanto as segundas dependem de Io e são designadas por Io-B ou Io-

A. O movimento do satélite Io através da magnetosfera de Júpiter parece influenciar tanto a intensidade como a previsibilidade da emissão. A fonte mais intensa, mais previsível e ideal para observação é a fonte Io-B, dependente de Io. Quando a lua Io se move através da magnetosfera joviana, alguns sinais de rádio intensos são produzidos pelo sistema joviano. Em 1955, as emissões radioeléctricas esporádicas de Júpiter foram identificadas pela primeira vez. De facto, os sinais de Júpiter foram considerados, desde essa altura, como uma fonte ideal para a deteção de ondas curtas na banda de rádio de 10 a 25 MHz. A maior parte da emissão de rádio decamétrica observável com equipamento de receção terrestre está na gama de frequências de cerca de 4 a 39,5 MHz. As intensidades recebidas mostram um máximo em torno de 8 MHz e caem rapidamente acima dessa frequência (Figura 3.9). No entanto, a maioria das observações foram efectuadas na gama de frequências de 15 MHz a 25 MHz, uma vez que a interferência das estações de rádio de ondas curtas nesta gama de frequências é tolerável. É interessante notar que as observações a frequências próximas de 4 MHz foram efectuadas no momento em que as condições ionosféricas o permitem, por volta do mínimo das manchas solares.

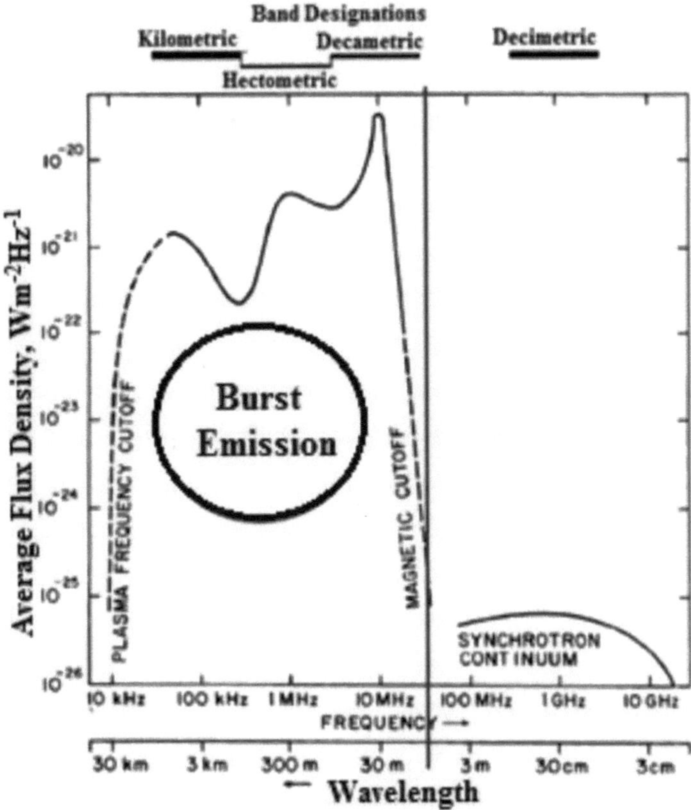


**Figura 3.9** Intensidades dos sinais de rádio Jovianos com um máximo em torno de 8 MHz

## 3.7 Identificação da frequência de penetração

Geralmente, a frequência de penetração torna-se mais elevada com um nível mais alto de atividade solar. Também aumenta com a diminuição da elevação da fonte astronómica. Na altura do mínimo de manchas solares, se as observações de Júpiter forem feitas à noite e se a elevação do planeta for superior a 20o , então este experimenta uma ionosfera transparente a uma frequência de cerca de 20 MHz. Mas as observações de baixa altitude efectuadas durante o dia podem ser bloqueadas a esta frequência. A primeira identificação positiva de sinais de rádio de outro planeta é definitivamente um acontecimento importante. Para a identificação de fontes não-Io, é desejável uma melhoria na sensibilidade do sistema. Um pré-amplificador com um ganho de cerca de 10 decibéis pode melhorar um marginal para o recetor de comunicações, uma vez que a radiação cósmica de fundo incidente na antena já está muito acima do ruído produzido internamente pelo recetor. Por conseguinte, a única forma de melhorar o desempenho do sistema é aumentar o ganho da antena na direção de Júpiter. Isto implica automaticamente uma largura de feixe de antena mais estreita e, por conseguinte, o rádio do ruído de Júpiter para o ruído cósmico pode ser aumentado. As antenas recomendadas de maior ganho são uma Yagi de 2, 3 ou 4 elementos, uma quad cúbica, um refletor de canto ou um conjunto de vários dipolos. Devido à sua largura de feixe mais estreita, estas antenas têm de ser orientáveis. A principal limitação para a construção de antenas de alto ganho é o tamanho. Isto é verdade para as antenas de 20 MHz, que também são bastante grandes e, portanto, requerem um grande espaço para a sua montagem.

A identificação de Júpiter remonta aos astrónomos babilónicos do século VII ou VIII a.C. O historiador chinês da astronomia, Xi Zezong, confirmou que Gan De, um astrónomo chinês, fez a descoberta de uma das luas de Júpiter em 362 a.C. a olho nu. A ser verdade, este facto é anterior à descoberta de Galileu em cerca de dois milénios. Na sua obra do século II, o Almagesto, o astrónomo helenístico Cláudio Ptolomeu construiu um modelo planetário geocêntrico para justificar o movimento de Júpiter em relação à Terra, atribuindo-lhe um período orbital em torno da Terra de 4332,38 dias, ou 11,86 anos. Em 499, o matemático-astrónomo Aryabhata, da época clássica da matemática e da astronomia indianas, utilizou um modelo geocêntrico para estimar o período de Júpiter em 4332,2722 dias ou 11,86 anos. A Figura 3.10 mostra um modelo no Almagesto do movimento longitudinal de Júpiter em relação à Terra.

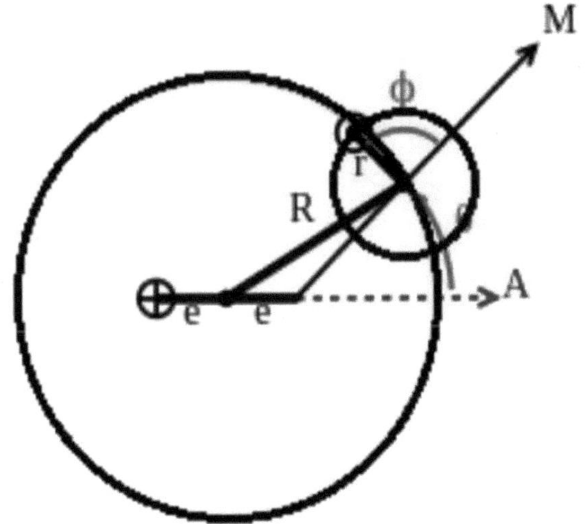


**Figura 3.10** Modelo no Almagesto do movimento longitudinal

133

de Júpiter (O) em relação à Terra (φ)

Galileu Galilei, em 1610, descobriu as quatro maiores luas de Júpiter: Io, Europa, Ganimedes e Calisto, utilizando um telescópio que é considerado a primeira observação telescópica de outras luas para além da Terra. Para além desta descoberta, Galileu foi também bem sucedido como primeiro descobridor de um movimento celeste aparentemente não centrado na Terra. Este foi, de facto, um ponto importante a favor da teoria heliocêntrica de Copérnico sobre os movimentos dos planetas. O apoio declarado de Galileu à teoria copernicana colocou-o sob a ameaça da Inquisição. Cassini utilizou um novo telescópio durante a década de 1660, para descobrir manchas e faixas coloridas em Júpiter. Observou que o planeta parecia oblato, ou seja, achatado nos pólos, e conseguiu estimar o período de rotação do planeta. Em 1690, Cassini observou ainda que a atmosfera sofre uma rotação diferencial. A proeminente mancha oval no hemisfério sul de Júpiter, a chamada Grande Mancha Vermelha (Figura 3.11), pode ter sido observada já em 1664 por Hooke e em 1665 por Cassini, embora este facto seja altamente contestado.

O farmacêutico Schwabe produziu o desenho mais antigo conhecido para encontrar os pormenores da Grande Mancha Vermelha em 1831. A Mancha Vermelha terá sido perdida de vista em muitas ocasiões entre 1665 e 1708 antes de se tornar visível em 1878. Foi registada como estando a desaparecer em

1883 e também no início do século XX. Barnard, em 1892, observou um quinto satélite de Júpiter com um refrator de 36 polegadas no Observatório Lick, na Califórnia, que mais tarde recebeu o nome de Amalthea. Esta foi a última lua planetária descoberta diretamente por observação visual. Mais oito satélites foram subsequentemente descobertos antes da passagem da sonda Voyager 1 em 1979. As bandas de absorção do amoníaco e do metano foram identificadas nos espectros de Júpiter, em 1932. Em 1938, foram observadas três formações anticiclónicas de longa duração, designadas por ovais brancas, que durante várias décadas permaneceram separadas na atmosfera, por vezes aproximando-se umas das outras, mas nunca se fundindo. Por fim, duas das ovais fundiram-se em 1998 e foram depois absorvidas, tendo a terceira sido também absorvida em 2000. Na Figura 3.12 apresentamos uma imagem de Júpiter no infravermelho, obtida pelo telescópio muito grande do ESO.

**Figura 3.11** A atmosfera de Júpiter mostrando a Grande Mancha Vermelha e uma oval branca que passa

**Figura 3.12** Imagem infravermelha de Júpiter obtida pelo Very Large Telescope do ESO

## 3.8 Investigação rádio-telescópica

Existem dois tipos de radiação nitidamente diferentes que foram observados no estudo de rádio. São designadas por rajadas curtas (S) com duração de 1 a 10 milissegundos e rajadas longas (L) com duração de 0,5 a 5 segundos ou mais. Algumas fontes parecem produzir apenas rajadas L, enquanto outras, como Io-B e Io-C, são responsáveis por irradiar uma mistura de rajadas L e S. Durante uma sessão de observação típica podem ser registadas muitas explosões de ambos os tipos e o evento completo é designado por tempestade de ruído. A duração destas tempestades varia de apenas alguns segundos a várias horas. Como já foi referido, em 1955, Burke e Franklin detectaram pela primeira vez com sucesso explosões de sinais de rádio provenientes de Júpiter a 22,2 MHz. O período destas explosões coincidia bem com a rotação do planeta. Também puderam usar esta informação para aperfeiçoar a taxa de rotação. As explosões radioeléctricas de Júpiter parecem ter duas formas diferentes. A partir de muitas tentativas, os cientistas descobriram que havia três formas de sinais de rádio transmitidos por Júpiter. São elas:

(i) Rajadas de rádio decamétricas (com um comprimento de onda de dezenas de metros) que variam com a rotação de Júpiter e são influenciadas pela interação de Io com o campo magnético de Júpiter.

(ii) Emissão radioeléctrica decimétrica (com comprimentos de onda medidos em centímetros) que foi observada pela primeira vez por Drake e Hvatum em 1959, com origem numa cintura em forma de toro em torno do equador de Júpiter. Este sinal é devido à radiação ciclotrónica de electrões que são acelerados no campo magnético de Júpiter e

(iii)    Radiação térmica que é produzida pelo calor na atmosfera de Júpiter.

Desde 1973, várias naves espaciais automatizadas visitaram Júpiter. A primeira nave espacial foi a Pioneer 10, seguida pelas sondas espaciais Pioneer 11, que se aproximaram suficientemente de Júpiter para recolher informações sobre as propriedades e os fenómenos do maior planeta do Sistema Solar. A aproximação mais próxima de diferentes naves espaciais e as distâncias correspondentes são apresentadas na Tabela 3.1.

**Tabela 3.1** A maior aproximação de diferentes naves espaciais e as distâncias correspondentes

| Spacecraft | Closest approach | Distance |
|---|---|---|
| Pioneer 10 | December 3, 1973 | 130,000 km |
| Pioneer 11 | December 4, 1974 | 34,000 km |
| Voyager 1 | March 5, 1979 | 349,000 km |
| Voyager 2 | July 9, 1979 | 570,000 km |
| Ulysses | February 8, 1992 | 408,894 km |
| | February 4, 2004 | 120,000,000 km |
| Cassini | December 30, 2000 | 10,000,000 km |
| New Horizons | February 28, 2007 | 2,304,535 km |

## 3.9  Tempo Duração e frequência Taxa de deriva

Existem dois tipos de sinais recebidos num registador cartográfico, a saber, os sinais L e S. Os rajadas L têm sido descritos como tendo um som de "swishing" ou como "ondas a bater numa praia". Os S bursts ocorrem com menos frequência do que os L bursts. São consideravelmente mais curtos em duração; as durações típicas são inferiores a 10 ms. Quando ouvidos, os S-bursts têm um som do tipo "chuff-chuff- chuff" com taxas de recorrência entre 10 e 40 por segundo. Normalmente, as rajadas tendem a ocorrer em grupos com vários segundos de duração. Para além da sua duração, a principal caraterística notável dos dois tipos de rajadas é a sua taxa de desvio de frequência. No caso das explosões S, este desvio deve-se aparentemente ao facto de as partículas carregadas, originárias de Júpiter, saírem em espiral ao longo das linhas do campo magnético de Júpiter e entrarem nas regiões de redução progressiva do campo magnético. A frequência do ciclotrão é diretamente proporcional à intensidade do campo magnético e a frequência da explosão muda para refletir a mudança do campo. A 20 MHz, as taxas de desvio de frequência para as explosões S são de cerca de -20 MHz/segundo. O sinal negativo indica que as explosões começam numa frequência elevada e descem para uma frequência mais baixa. O desvio de frequência para as explosões L está relacionado com efeitos geométricos complexos de irradiação associados à ação do ciclotrão. Os efeitos de difração impostos perto de Júpiter dão origem à modulação e a outros efeitos secundários de cintilação devidos ao meio interplanetário. Além disso, a ionosfera terrestre é responsável pela modulação da emissão que aparece no espetro de radiofrequência das explosões L como regiões de amplitude de sinal reduzida com taxas de desvio de tipicamente +/- 100 kHz por segundo. Os efeitos de cintilação produzem uma modulação de amplitude caraterística das explosões numa escala de tempo de segundos.

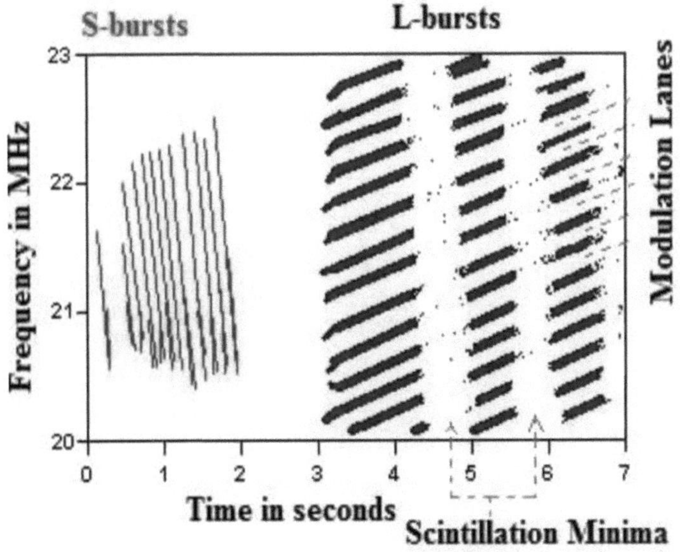


**Figura 3.13** Espectro de radiofrequência idealizado de dois tipos de rajadas de ruído de rádio decamétricas recebidas de Júpiter

A Figura 3.13 mostra o espetro de radiofrequência idealizado dos dois tipos de rajadas de ruído de rádio decamétricas recebidas de Júpiter. Na figura 3.14, por outro lado, optámos por apresentar registos gráficos que produzem explosões L e S no observatório de Kalyani (22,98°N, 88,46°E), em Bengala Ocidental. As rajadas curtas (S) duram apenas alguns milissegundos e diminuem de frequência com o tempo. As rajadas longas (L) têm durações de segundos e contêm faixas de modulação que podem subir ou descer em frequência.

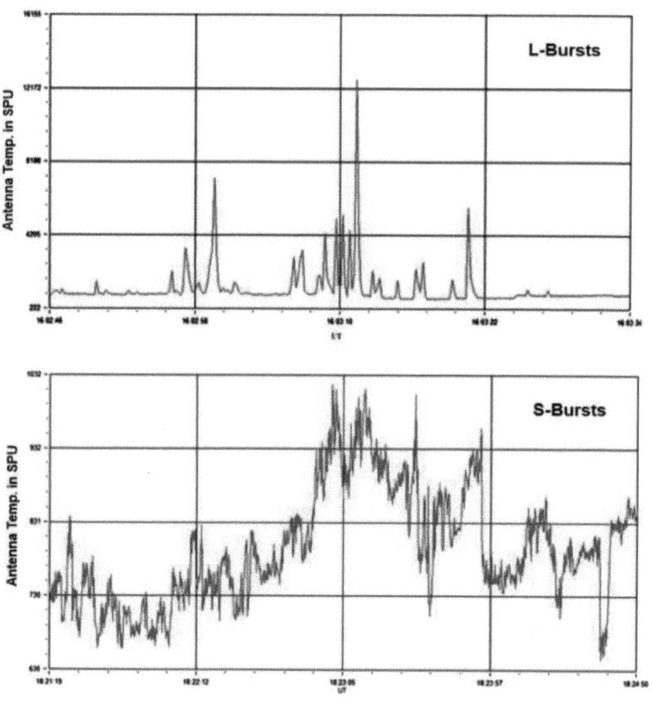

**Figura 3.14** Os registos gráficos revelam dois tipos distintos de explosões (explosões L e S) registadas em Kalyani, Bengala Ocidental

## 3.9 Condições para a receção de sinais de rajadas de rádio da Io

O primeiro e mais essencial requisito é que tanto Júpiter como a Terra estejam do mesmo lado do Sol. Os sinais maiores são obtidos no momento em que a distância entre a fonte e o recetor é menor e, portanto, podem ser esperados na conjunção inferior dos dois planetas. Os outros requisitos estão relacionados com a posição de Io e o alinhamento rotacional de Júpiter em relação à Terra. A posição ou fase de Io é medida no sentido anti-horário em torno de sua órbita a partir da Conjunção Geocêntrica Superior (SGC). A SGC é o ponto no lado mais distante da órbita que é exatamente oposto à linha de direção de Júpiter para a Terra. A janela para as explosões da fonte de rádio Io-B ocorre se Io estiver entre 65o e 110o da SGC e se a longitude do meridiano central de Júpiter (CML), medida no sistema III, estiver entre 95o e 195o. Estas condições ocorrem todos os dias, mas os sinais só são observáveis a partir de um determinado local na Terra cerca de uma vez por semana, com eventos particularmente fortes a ocorrerem geralmente uma vez por mês. A Figura 3.15 mostra as condições necessárias para que as rajadas de rádio Io-B sejam recebidas por uma estação de observação na Terra. A Figura 3.16 revela as condições para as emissões de rádio não só da fonte Io-B mas também de três outras fontes designadas Io-A, Não-Io-A e Io-C. Para cada fonte existe uma área de elevada probabilidade de emissão rodeada por uma área de probabilidade reduzida. As áreas centrais mais escuras indicam uma probabilidade relativamente elevada de receber sinais em função da posição de Io e da longitude do meridiano central de Júpiter, tal como vista da Terra. As áreas circundantes mais claras indicam sinais menos prováveis ou de menor intensidade. A área amarela na figura indica o domínio dos sinais que não são de IoA.

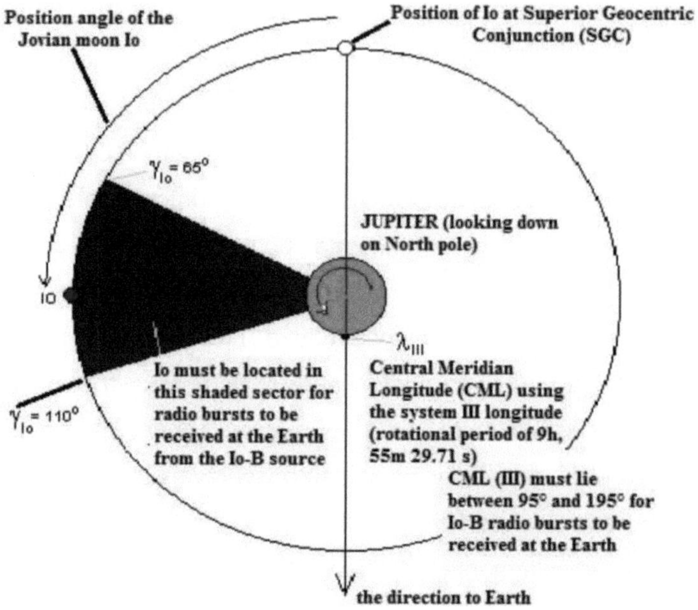


**Figura 3.15** Condições necessárias para que as rajadas de rádio Io-B sejam recebidas por uma estação de observação na Terra

Para calcular a ocorrência de emissões de rádio Jovianas, temos de assumir que Io se move numa órbita circular com um período sinódico de 1,769860 dias. Os tempos de SGC são então obtidos a partir das Efemérides Astronómicas e depois podemos encontrar os tempos necessários para os quais Io se encontra entre os valores especificados. O próximo passo é considerar o período de rotação para as longitudes do sistema III como 9 horas 55 minutos 29.71 segundos. Mais uma vez, as efemérides podem ser usadas para encontrar os valores do

CML(III) para as 0000 horas UTC de cada dia do ano (por exemplo, em 1983, no dia 1 de dezembro às 0000 UT o CML (sistema III) era 218,9o). Agora é possível determinar os momentos em que o CML (III) se encontra entre os valores especificados. Uma calculadora pode ser usada para determinar quando ambas as condições são satisfeitas simultaneamente. É necessário utilizar esta informação juntamente com as horas do nascer e do pôr de Júpiter no local de interesse.

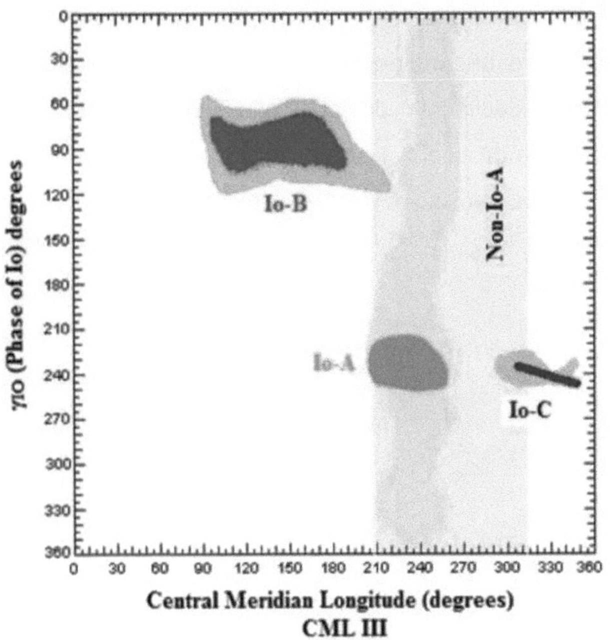


**Figura 3.16** A probabilidade de receber sinais de rádio Jovianos em torno de 20 MHz de 3 fontes relacionadas com Io

145

É de salientar que Júpiter é o único planeta que tem um centro de massa com o Sol. A distância média entre Júpiter e o Sol é cerca de 5,2 vezes a distância média da Terra ao Sol, e ele completa uma órbita a cada 11,86 anos. Isto é dois quintos do período orbital de Saturno, produzindo uma ressonância orbital 5:2 entre os dois maiores planetas do Sistema Solar. Traçámos a média mensal de rajadas de rádio não-Io com o tempo. É mostrado na Figura 3.17. Também obtivemos o gráfico de declinação Jovicêntrica para os anos de 2007 a 2017 do software Radio Jupiter Pro (Figura 3.18). Observámos o mesmo padrão que o observado nos dois gráficos. Assim, podemos dizer que a declinação Jovicêntrica afecta mais fortemente a probabilidade de ocorrência de emissões não-Io, tendo menos efeito sobre as emissões relacionadas com Io.

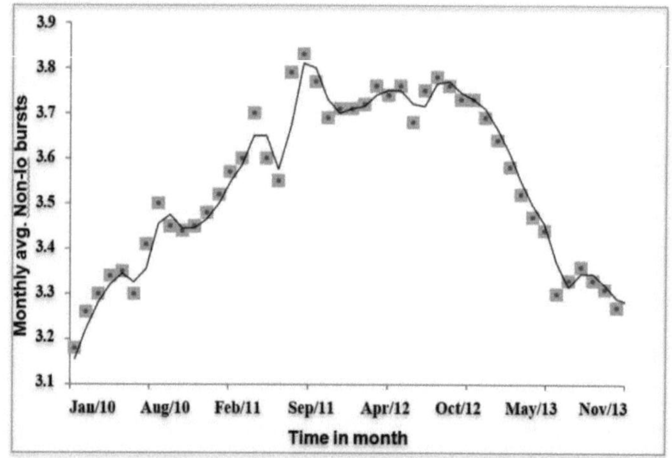


**Figura 3.17** Média mensal das interrupções radioeléctricas não pertencentes à Io em função do tempo

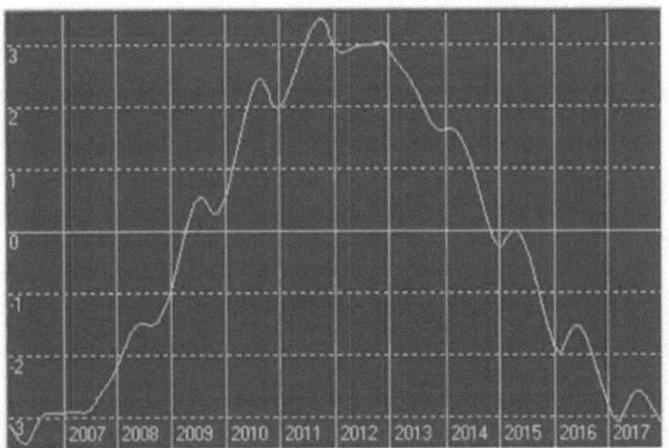


**Figura 3.18** Gráfico de declinação Jovicêntrica para o ano de
2007 a 2017

## 3.10 Observações

Sabe-se que a radiação decamétrica de Júpiter é
fortemente afetada pela longitude do Sistema Magnético III de
Júpiter e pela posição orbital do satélite Io. A gama de
frequências da emissão de rádio DAM de Júpiter é considerada
como sendo de alguns megahertz até cerca de 40 MHz. A cerca
de 20 MHz existem três zonas significativas bem conhecidas
onde as probabilidades de ocorrência são relativamente
elevadas. São as chamadas fontes B, A e C, em sequência
crescente de longitude. Sabe-se que a emissão é polarizada
quase elíptica ou circularmente, no sentido da direita para as
fontes A e B, e muitas vezes no sentido da esquerda para a fonte
C. Pensa-se que a emissão é irradiada no modo R-X a uma
frequência imediatamente acima da girofrequência eletrónica
local. Por conseguinte, considera-se que as fontes A e B estão

localizadas na zona auroral norte e a fonte C na zona auroral sul. Cada fonte consiste em componentes controlados por Io e não controlados por Io, sendo os primeiros observados apenas numa gama relativamente estreita da fase de Io. Acredita-se que os componentes controlados por Io (Io-DAM) se originam ao longo das linhas de campo magnético Joviano com o parâmetro de casca L-casca 5,9 (ou seja, uma linha de campo magnético dipolar do centro do planeta intersecta o plano equatorial a uma distância de 5,9 raios planetários), pertencente ao tubo de fluxo previamente energizado que tem um ângulo de avanço relativamente grande a jusante de Io. Entretanto, pensou-se que o valor da camada L das fontes do DAM não controlado por Io (DAM não controlado por Io) se estendia ao longo das linhas de campo da camada L. Mas a medição pelo método da pista de modulação mostra que o valor da camada L da fonte é próximo de 5,9 dentro da região do toro de plasma de Io.

Efectuámos as observações de Io e de fontes não relacionadas com Io para a emissão de rádio Joviana no período de 2012-2015. Para o efeito, utilizámos o software Radio Jupiter Pro Jove edition e Radio Skypipe. Dividimos o ano inteiro em quatro estações, a saber, primavera, verão, outono e inverno. Acredita-se que o não-Io-DAM é uma emissão de rádio auroral da aurora de Júpiter. Na Tabela 3.2 comparamos as ocorrências de eventos Io e não-Io das três categorias durante a primavera, o verão, o outono e o inverno para o ano de abril de 2012 a março de 2015. A tabela mostra claramente que a probabilidade de ocorrência de emissões radioeléctricas devidas a Io-A é muito mais elevada do que todas as outras fontes relacionadas com Io em todas as estações, enquanto a probabilidade de ocorrência de eventos não relacionados com Io é comparável entre si, mas bastante elevada do que os eventos relacionados com Io. Assim, as emissões de rádio de Júpiter devidas a fontes não relacionadas com Io são de natureza dominante do que as fontes relacionadas com Io em todas as estações.

**Quadro 3.2** Comparação das ocorrências de eventos Io e não Io das três categorias durante a primavera, o verão, o outono e o inverno para o período de abril de 2012 a março de 2015

| Type | Spring | | | Summer | | | Autumn | | | Winter | | |
|---|---|---|---|---|---|---|---|---|---|---|---|---|
| | 2012 | 2013 | 2014 | 2012 | 2013 | 2014 | 2012 | 2013 | 2014 | 2012 | 2013 | 2014 |
| Occurrences of Io-A | 3 | 8 | 10 | 5 | 4 | 2 | 19 | 10 | 8 | 16 | 22 | 20 |
| Occurrences of Io-B | 1 | 3 | 5 | 2 | 0 | 0 | 8 | 7 | 4 | 9 | 13 | 9 |
| Occurrences of Io-C | 1 | 2 | 3 | 1 | 0 | 0 | 5 | 5 | 3 | 6 | 8 | 7 |
| Occurrences of non-Io-A | 15 | 33 | 52 | 27 | 11 | 9 | 81 | 61 | 43 | 89 | 92 | 94 |
| Occurrences of non-Io-B | 19 | 38 | 58 | 31 | 12 | 9 | 83 | 69 | 48 | 97 | 94 | 98 |
| Occurrences of non-Io-C | 12 | 29 | 48 | 23 | 10 | 5 | 76 | 57 | 38 | 82 | 89 | 90 |

A figura 3.19 mostra a probabilidade de ocorrência de fenómenos relacionados com Io durante as quatro estações do ano: primavera, verão, outono e inverno, respetivamente. A partir da figura, pode dizer-se que os eventos Io-A são os mais dominantes entre os eventos Io-B e Io-C nas quatro estações. A probabilidade de ocorrência de fenómenos Io-A durante a primavera, o verão, o outono e o inverno é de 60%, 62%, 59% e 52%, respetivamente. A Figura 3.19 mostra também a probabilidade de ocorrência de acontecimentos não relacionados com a Io durante as quatro estações do ano:

primavera, verão, outono e inverno, respetivamente. Esta figura mostra claramente que as ocorrências de todos os eventos são comparáveis entre si. A figura 3.20 mostra alguns dados típicos de emissão de rádio de Júpiter observados no nosso observatório em Kalyani. Da nossa análise conclui-se que, em regiões tropicais como Kalyani, os fenómenos Non-Io e Io-A são os mais dominantes nas quatro estações do ano. Portanto, a emissão de rádio auroral da aurora de Júpiter é o principal fator para a emissão de rádio de Júpiter, conforme observado no nosso observatório em Kalyani.

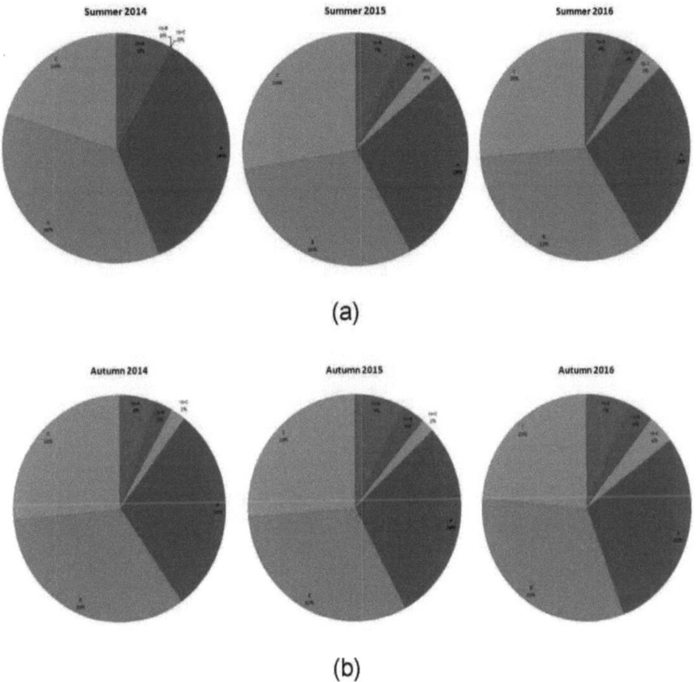

(a)

(b)

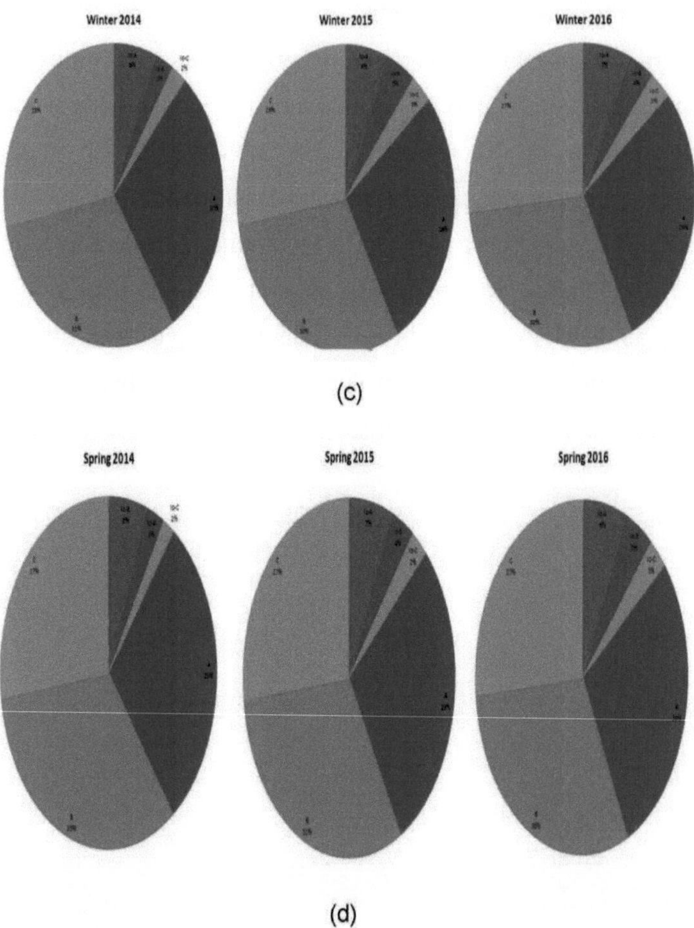


**Figura 3.19** Probabilidade de ocorrência de eventos relacionados com Io e não relacionados com Io durante quatro estações

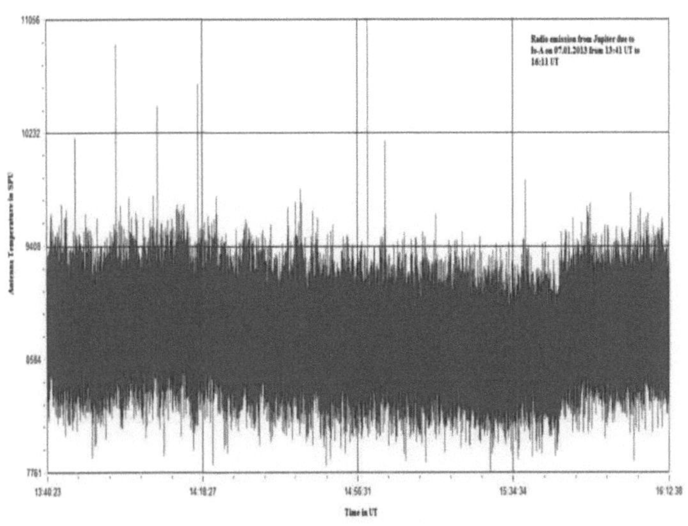

Radio emission from Jupiter due to Io-A

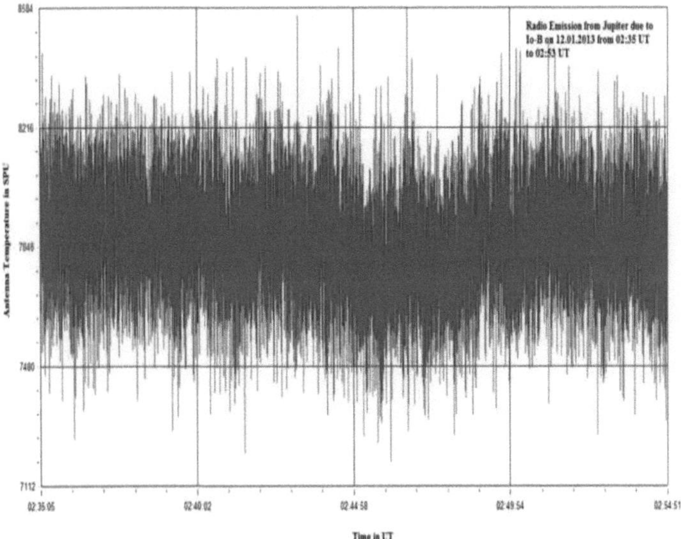

Emissão de rádio de Júpiter devido a Io-B

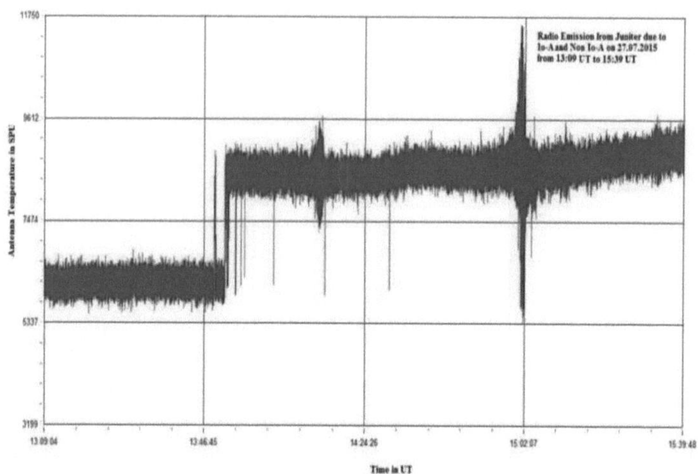

Emissão de rádio de Júpiter devido à combinação de Io-A e não Io-A

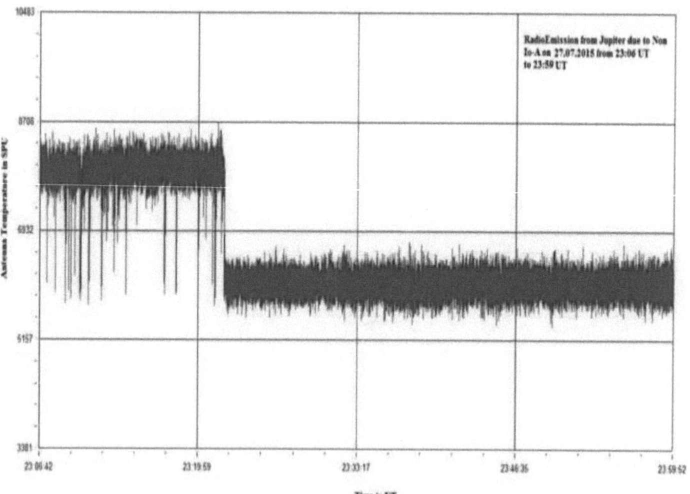

Emissão de rádio de Júpiter devido a Non Io-A

154

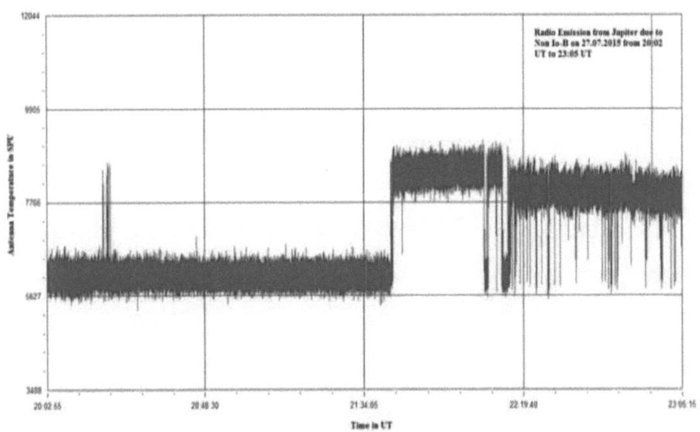

Emissão de rádio de Júpiter devido a Non Io-B

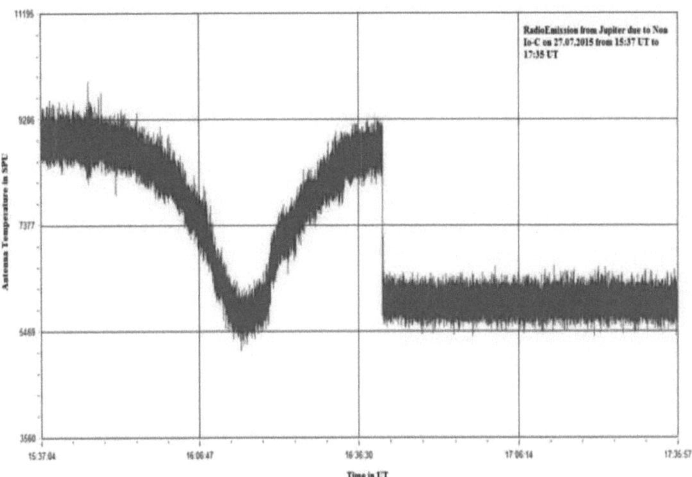

Emissão de rádio de Júpiter devido a Non Io-C

**Figura 3.20** Alguns dados típicos de emissão rádio de Júpiter observados no nosso observatório em Kalyani

## Referências

1. K. Jansky, 1932, Diretional studies of atmospherics at high frequencies, *Proc. IRE,* 20, 1920, 1932.

2. L. N. Garcia, The Discovery of Jupiter's Radio Emissions, Radiojove. *gsfc. nasa.gov/ library/sci_briefs/discovery. html.*

3. G. Reber, e J. L. Greenstein, 1947, Radio-Frequency Investigations of Astronomical Interest, *Observatory,* 67, 15.

4. S. F. Robert, 2009, An Urban Radio Telescope for Jovian and Solar Emissions at 20.1 MHz, *Swinburne Astronomy Online,* HET608, 1-21.

5. A. B. Bhattacharya, S. Joardar, R. Bhattacharya, A. Bhoumick, A. Nag, M. Debnath e D. Halder, 2010, Reception of Jovian radio signals in a tropical station, *International Journal of Engineering Science and Technology,* 2, 5704-5713.

6. J. L. Pawsey e R. N. Bracewell, 1955, Radio Astronomy. *Clarendon Press,* 361 páginas.

7. E. J. Smith, , L. Davis, D. E. Jones, D. S. Colburn, P. J. Coleman, P. Dyal, C. P. Sonett, 1974, Magnetic Field of Jupiter and Its Interaction with the Solar Wind, *Science Magazine,* 183, 305-306.

8. Radio-Sky Publishing: Resources for Amateur Radio Astronomers, Teachers and Students; Radio Sky Engineering Services, /(http://www.radiosky.com/juprpt.txt) 2001.

9. P. C. W. Fung, 1966, Excitation of cyclotron radiation in the

forward subluminous mode and its application to Jupiter's decametric emissions, *Elseveir,* 14, 469-481.

10.     W. Calvert, 1983, The Source Location of Certain Jovian Decametric Radio Emissions, *Journal of Geophysical Research,* 88, 6165-6170.

11.     A. B. Bhattacharya, S. Mondal, J. Pandit, D. Halder, A. Sarkar e B.Raha, 2012, Detection of Jovian Radio Bursts at High Altitudes, *International Journal of Engineering Science and Technology,* 4, 3029-3038.

12.     Manual de Antenas e Receptores da Radio Jove, *NASA.*

13.     A. B. Bhattacharya, S. Joardar e R. Bhattacharya, 2008, Astronomy Astrophysics, *Infinity Science Press,* Massachusetts, EUA.

14.     C. F. Yoder, et al., 1979, How tidal heating in Io drives the Galilean orbital resonance locks, Nature, 279, 767-770.

15.     R. R. Britt, 2000, Pizza Pie in the Sky: Understanding Io's Riot of Color, Space. com.

16.     R. W. Carlson, et al., 2007, Io's surface composition, In Lopes, R. M. C. e Spencer,

17.     J. R., Io after Galileo, Springer-Praxis, 194-229.

18.     J. Spencer, et al., 2000, Discovery of Gaseous S2 in Io's Pele Plume, Science, 288, 1208-1210.

19.     S. Douté, et al., 2004, Geology and activity around volcanoes on Io from the analysis of NIMS, Icarus, 169, 175196.

20.	D. Radebaugh, et al., 2001, Paterae on Io: A new type of volcanic caldera?, Journal of Geophysical Research, 106, 33005-33020.

21.	D. P. Cruikshank e R. M. Nelson, 2007, A history of the exploration of Io, In Lopes, R. M. C. e Spencer, J. R., Io after Galileo, Springer-Praxis, 5-33.

22.	B. A. Smith, et al., 1979, The Jupiter system through the eyes of Voyager 1, Science, 204, 951-972.

23.	L. Keszthelyi, et al., 2004, A Post-Galileo view of Io's Interior, Icarus, 169, 271-286.

24.	J. E. Perry, et al., 2003, Gish Bar Patera, Io: Geology and Volcanic Activity, 1997- 2001, LPSC XXXIV, Clear Lake City (Greater Houston).

25.	R. R. Howell e R. M. C. Lopes, 2007, The nature of the volcanic activity at Loki: Insights from Galileo NIMS and PPR data, Icarus, 186, 448-461.

26.	L. Keszthelyi, et al., 2001, Imaging of volcanic activity on Jupiter's moon Io by Galileo during the Galileo Europa Mission and the Galileo Millennium Mission, Journal of Geophysical Research, 106, 33025-33052.

27.	L. Keszthelyi, et al., 2007, New estimates for Io eruption temperatures: Implications for the interior, Icarus, 192, 491502.

28.	F. L. Roesler, et al., 1999, Far-Ultraviolet Imaging Spectroscopy of Io's Atmosphere with HST/STIS, Science, 283, 353-357.

29.     P. E. Geissler, et al., 1999, Galileo Imaging of Atmospheric Emissions from Io, Science, 285, 870-874.

30.     A. S. McEwen e L. A. Soderblom, 1983, Two classes of volcanic plume on Io, Icarus, 55, 197-226.

31.     G. D. Clow e M. H. Carr, 1980, Stability of sulfur slopes on Io, Icarus, 44, 268- 279.

32.     P. M. Schenk e M. H. Bulmer, 1998, Origin of mountains on Io by thrust faulting and large-scale mass movements, Science, 279, 1514-1517.

33.     W. B. McKinnon, et al., 2001, Chaos on Io: A model for formation of mountain blocks by crustal heating, melting, and tilting, Geology, 29, 103-106.

34.     E. Lellouch, et al., 2007, Io's atmosphere, In Lopes, R. M. C. e Spencer, J. R., Io after Galileo, Springer-Praxis, 231-264.

35.     W. B. Moore, et al., 2007, O Interior de Io, In Lopes, R. M. C. e Spencer, J. R., Io after Galileo, Springer-Praxis, 89108.

36.     J. D. Anderson, et al., 1996, Galileo Gravity Results and the Internal Structure of Io, Science, 272, 709-712.

37.     A Galileu da NASA revela um "oceano" de magma sob a superfície da lua de Júpiter, Science Daily. 12 de maio de 2011.

38.     R. B. Minton, 1973, The Red Polar Caps of Io, Communications of the Lunar and Planetary Laboratory, 10, 35-39.

39.    A. C. Walker, et al., 2010, A Comprehensive Numerical Simulation of Io's Sublimation-Driven Atmosphere, Icarus, 207, 409-432.

40.    E. K. Bigg, 1964, Influence of the Satellite Io on Jupiter's Decametric Emission, Nature, 203, 1008.

41.    T. D. Carr, M. D. Desch e J. K. Alexander, 1983, Phenomenology of magnetospheric radio emissions, In Dessler AJ, editor, Physics of the Jovian Magnetosphere, Cambridge University Press, Nova Iorque.

42. K. Imai, L. Wang e T D., 1997, Carr Modeling Jupiter's decametric modulation lanes, Journal of Geophysical Research, 102, 7127-7136.

43. P. Zarka, 1998, Auroral radio emissions at the outer planets: observations and theories, Journal of Geophysical Research, 103, 20159-20194.

44. J. T Clarke, D. Grodent, S. W. H. Cowley, et al., 2004, Jupiter's aurora, in Jupiter: The Planet, Satellites and Magnetosphere, em Bagenal F., Dowling T E, McKinnon

# Capítulo 4: Interações e absorção de plasma na vizinhança das órbitas das luas jovianas

## 4.1 Terminologia e classificações

Desde a descoberta das rajadas de rádio de Júpiter, os cientistas tentaram explicar o que causava esta emissão de rádio e começaram a fazer observações cuidadosas, registando os tempos e a intensidade das rajadas de rádio decamétricas de Júpiter. A palavra decamétrica significa dezenas de metros, uma vez que o comprimento de onda das explosões de rádio se situa nas dezenas de metros. Após a recolha de uma boa quantidade de dados de rádio, os astrónomos compararam-nos com outras informações que obtiveram sobre Júpiter. Logo no início, começaram a fazer corresponder os dados das radioexplosões de Júpiter e a informação assim recolhida com a rotação do planeta. Observando os padrões de nuvens que se movem através do planeta, desenvolveram inicialmente o seu conhecimento sobre a sua taxa de rotação, tendo descoberto que Júpiter gira uma vez em cerca de 10 horas, mais do dobro da velocidade da Terra. Os observadores também compreenderam que se pode ouvir Júpiter dependendo da parte de Júpiter que está virada para nós nesse momento. Como a emissão de rádio depende da longitude joviana, assumiu-se que havia longitudes especiais, que podem ser tomadas como "pontos de referência" num planeta sem superfície observável, onde Júpiter era muito mais suscetível de ser ouvido do que noutros. Estes pontos de referência também sugerem que

Júpiter não só está a enviar ondas de rádio em todas as direcções, como também está a emitir ondas de rádio para o espaço. As ondas nos plasmas são assumidas como um conjunto interligado de partículas e campos que se podem propagar de uma forma periodicamente repetida. O plasma é um fluido quase neutro, condutor de eletricidade e, no caso mais simples, é composto por electrões e uma única espécie de iões positivos. Pode também conter várias espécies de iões, incluindo iões negativos e partículas neutras. Devido à sua condutividade eléctrica, um plasma liga-se a campos eléctricos e magnéticos. Este complexo de partículas e campos pode produzir uma grande variedade de ondas.

Os astrónomos continuaram as observações e analisaram simultaneamente os dados recolhidos nos anos seguintes. Com esta análise de dados adicionais, conseguiram encontrar mudanças subtis na localização das fontes de rádio em Júpiter. Verificou-se que as emissões se deslocavam lentamente, o que indicava que as fontes de rádio se estavam a mover lentamente ou que Júpiter estava a rodar tão depressa que não era devidamente estimado. A ocorrência deste desvio levou, portanto, à conclusão de que a estimativa da taxa de rotação de Júpiter deveria ser melhorada. Eles utilizaram dados de muitos anos para uma estimativa melhorada da taxa de rotação, baseada em observações de rádio. Notaram ainda que Júpiter emite ondas de rádio mesmo em frequências acima de 100 MHz. Trata-se de ondas de rádio decimétricas, que se acredita serem emitidas por electrões extremamente energéticos que se movem perto do planeta, junto ao seu equador. Os astrónomos confirmaram assim o período de rotação de Júpiter e outras propriedades associadas, incluindo a do campo magnético e a sua inclinação axial. As ondas nos plasmas são classificadas como electromagnéticas ou electrostáticas, dependendo da existência ou não de um campo magnético oscilante. Aplicando a lei de indução de Faraday às ondas planas, podemos observar que uma onda eletrostática deve ser puramente longitudinal. Por outro lado, uma onda electromagnética tem uma componente transversal, mas pode também ser parcialmente longitudinal. As ondas podem ser classificadas também pela espécie oscilante. Na maioria dos plasmas, a temperatura do eletrão é comparável ou superior à do ião, o que implica que os electrões são muito mais rápidos do que os iões. Um modo eletrónico depende da massa dos electrões, enquanto os iões podem ser considerados infinitamente maciços, ou seja, estacionários. Por outro lado, o modo iónico depende da massa do ião, mas supõe-se que os electrões não têm massa e que a redistribuem de acordo com a relação de Boltzmann. Exceto em alguns casos, por exemplo, na oscilação híbrida inferior, um modo depende tanto da massa do eletrão como da massa do ião. Mais uma vez, os vários modos podem ser classificados de acordo com o facto de se propagarem num plasma não magnetizado ou em paralelo, perpendicular ou oblíquo ao campo magnético estacionário. Finalmente, pode mencionar-se que, para as ondas electromagnéticas perpendiculares, o campo elétrico perturbado pode ser paralelo ou perpendicular ao campo magnético estacionário.

Antes das descobertas das missões Voyager, as luas de Júpiter eram organizadas com base nos seus elementos orbitais. Mas, posteriormente, com a informação do grande número de novas pequenas luas exteriores, este quadro tornou-se muito mais complicado. Dos seis grupos principais atualmente considerados, alguns têm propriedades distintas e proeminentes em comparação com os outros. Neste artigo, foram consideradas algumas propriedades fundamentais das luas regulares e irregulares do sistema joviano. As ressonâncias de Laplace de Io, Europa e Ganimedes foram analisadas e algumas informações relacionadas com as luas de Júpiter foram tidas em conta para as classificar. A absorção de partículas de alta energia pelos anéis e luas de Júpiter a partir das cinturas de radiação foi examinada de forma crítica e os toros de plasma na vizinhança das órbitas das luas, criados por Io e Europa, foram discutidos em pormenor. O espetro das emissões de rádio provenientes de Júpiter e das suas luas é analisado de forma crítica.

## 4.2 Ondas Magneto-Acústicas e Electromagnéticas

Devido aos campos eléctricos e magnéticos, o comportamento coletivo do plasma pode desenvolver-se provocando uma vasta gama de ondas e oscilações nas frequências acústica, rádio e ótica. Estas ondas podem ser divididas em dois grupos:

(i) O primeiro grupo está relacionado com as oscilações dos iões, como mostra a curva vermelha na Figura 4.1. Estas ondas, designadas por ondas magnetoacústicas, têm uma frequência baixa e são influenciadas pela presença de um campo magnético. A sua frequência típica é a frequência do plasma iónico: $\omega_{pi} = (ne2/mi\varepsilon0) /$ .[12]

(ii) o segundo grupo depende das oscilações dos electrões, como mostra a curva azul na Figura 4.1. Estas ondas têm frequência rádio ou ótica e estão relacionadas com as ondas electromagnéticas que se propagam no plasma. A frequência típica é a frequência eletrónica do plasma: $\omega_{pe} = (ne2/me\varepsilon0)$ .$^{1/2}$

Quando uma explosão ocorre num meio homogéneo, a onda de choque acústica expande-se seguindo a forma de uma superfície esférica e o som no plasma comporta-se de uma forma diferente. O próprio plasma é um meio anisotrópico devido à presença do campo magnético. A onda acústica é influenciada pelo campo magnético e expande-se num meio anisotrópico. A superfície da onda não é simplesmente esférica, mas tem uma forma mais complicada: A Figura 4.2 mostra as frentes de onda da onda acústica em propagação, que é modificada na presença do campo magnético e designada por onda magnetoacústica. Os modos individuais da onda são designados por onda de Alfvén (AW), onda magnetoacústica lenta (S) e onda magnetoacústica rápida (F). No eixo radial do diagrama polar, a velocidade de fase é expressa como, $v_f = \omega/k$, onde o ângulo axial α é entre a direção da expansão e a direção do campo magnético B. Em frequências mais baixas, o plasma é opaco à radiação eletromagnética, porque os elétrons em frequências mais baixas percebem e seguem os estímulos externos, vibram e absorvem a energia da onda eletromagnética. Este fenómeno está na origem das ondas de rádio na nossa ionosfera. As ondas de frequência mais elevada penetram na ionosfera, ou seja, para elas é "transparente", enquanto as ondas de frequência mais baixa não penetram de forma alguma. Para as ondas extraordinárias, a penetrabilidade e a transparência no plasma tornam-se mais complicadas.

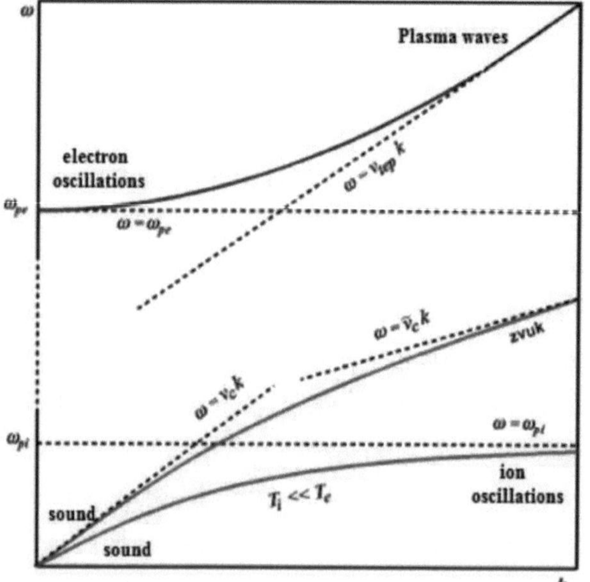


**Figura 4.1** As oscilações do eletrão e do ião representadas pelas curvas azul e vermelha, respetivamente

166

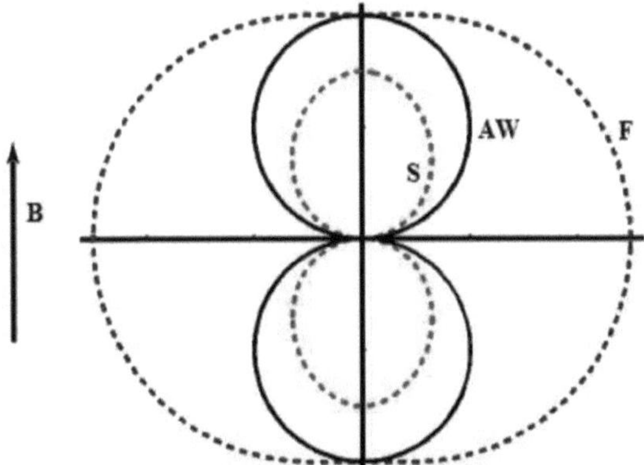


**Figura 4.2** Frentes de onda da onda acústica em propagação

## 4.3 Emissões de rádio de planetas exteriores

Na gama de alguns kHz a cerca de 1 MHz, todos os planetas Jovianos e a Terra emitem emissões de rádio de baixa frequência, exceto Júpiter. A emissão tem origem na interação entre o campo magnético do planeta e o plasma. Algumas emissões a frequências mais elevadas têm sido atribuídas ao mecanismo de Instabilidade do Ciclotrão Maser. Júpiter tem o campo magnético mais forte de todos os planetas e emite na frequência mais alta 39,5 MHz. Uma grande parte da emissão de Júpiter é cortada acima da ionosfera terrestre e pode ser observada a partir de estações terrestres. Na Figura 4.3 mostramos os espectros de rádio de baixa frequência dos planetas Jovianos, incluindo a Terra. Os espectros de rádio do

Solar Tipo III também foram sobrepostos na figura. A figura mostra que, para os planetas Saturno, Terra, Urano e Neptuno, os espectros de rádio se estendem até um máximo de cerca de 1000 kHz, enquanto que para Júpiter e para as explosões de rádio do tipo III do Sol, os espectros de rádio tornam-se significativos com maior densidade de fluxo após essa frequência.

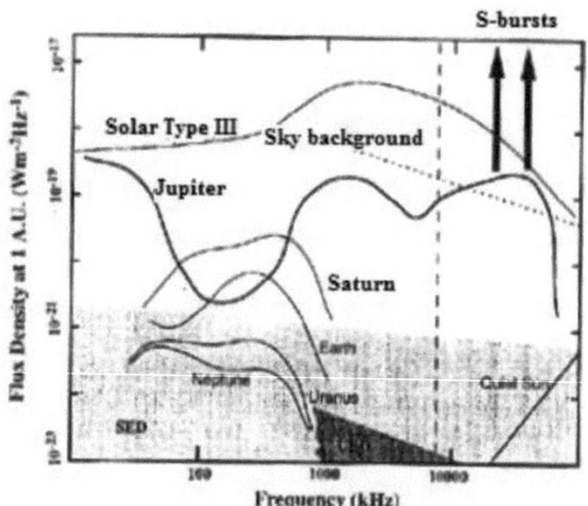


**Figura 4.3** Espectros de rádio de baixa frequência dos planetas Jovianos, incluindo a Terra e as radioexplosões solares de tipo III

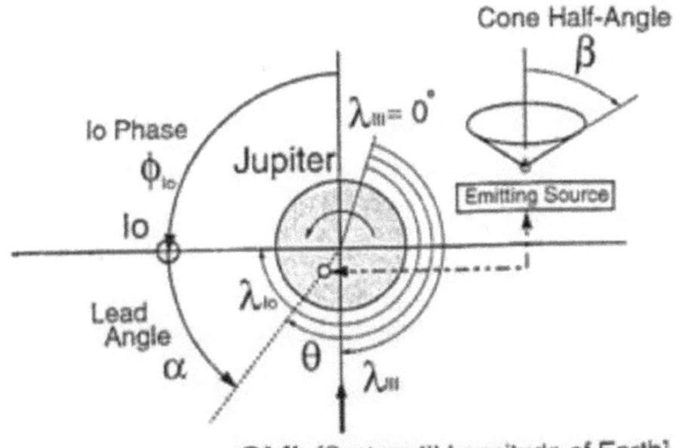


**Figura 4.4** O plano CML e Io-Phase incluindo a localização das fontes

A partir dos dados analisados, foram registadas algumas caraterísticas importantes das emissões de rádio decamétricas de Júpiter, mostrando a sua resposta clara na gama de frequências ~ 3-40 MHz. A emissão é notada principalmente na forma de rajadas L e S, conhecidas como rajadas longas e curtas e também devido a eventos N (banda estreita). Também foi observado que a emissão é esporádica, mas as probabilidades de receber a emissão estão correlacionadas com os valores de CML (Central Meridian Longltude) e Io-phase. Se a probabilidade de ocorrência for traçada no plano CML e IoFase, as regiões de emissão agrupam-se em algumas "fontes" bem definidas, conhecidas como Io-A, Io-B, Io-C e fontes não relacionadas com Io. Na Figura 4.4 apresentámos o plano CML e Io-Phase, bem como a localização das fontes de emissão de

Júpiter. Foi relatado que o satélite Io aumenta a emissão de ondas de rádio decametrais de Júpiter. Como Io orbita Júpiter, existem apenas alguns locais na sua órbita onde as nossas hipóteses de ouvir emissões de rádio aumentam. O campo magnético de Júpiter passa rapidamente por Io à medida que esta orbita. Quando condutores, por exemplo, metais, se movem através de um campo magnético, forma-se uma corrente no condutor. É assim que se gera uma poderosa corrente entre Júpiter e Io. Esta corrente tem um papel importante na "energização" da emissão radioeléctrica decamétrica. A Figura 4.4 sugere que Io e Júpiter não podem formar um simples circuito elétrico. Parece que Io de alguma forma "perturba" o campo magnético de Júpiter quando o campo passa pelo satélite. Esta perturbação permanece durante algum tempo após a passagem de Io e, de facto, é a perturbação que transporta a corrente.

## 4.4 Emissão de rádio de Júpiter

Burke e Franklin em 1955 descobriram a emissão radioeléctrica decamétrica (DAM) na frequência (3-40 MHz). Foi observado que o corte de alta frequência da emissão DAM é de cerca de 40 MHz. Bigg, em 1964, descobriu que a emissão DAM é controlada pela lua galileana de Júpiter, Io. Para além da emissão radioeléctrica decamétrica, em 1958 foi também descoberta a emissão radioeléctrica decimétrica (DIM), a chamada emissão de sincrotrão (70 MHz-300 GHz). A DAM e a DIM são dois importantes marcos iniciais na emissão rádio de

Júpiter. Quando partículas carregadas, por exemplo, electrões, protões, etc., se deslocam através de um campo magnético, as suas trajectórias são alteradas. As partículas são aceleradas e começam a mover-se em espiral à volta das linhas do campo magnético em direção ao pólo norte ou ao pólo sul. As partículas carregadas aceleradas emitem radiação que depende da energia das partículas carregadas. As partículas carregadas que se deslocam no campo magnético de Júpiter adquirem uma energia tal que são geradas ondas de rádio cuja frequência aumenta com a intensidade do campo magnético. Esta emissão de rádio é conhecida como emissão de ciclotrões, que é o nome de um tipo de acelerador de partículas. Presume-se que os electrões que espiralam no campo magnético de Júpiter são a causa do ruído de rádio que ouvimos. As ondas de rádio decamétricas exibem boas respostas nas frequências entre 10 e 40 MHz. Estas categorias de ondas de rádio de Júpiter nunca são ouvidas acima de 40 MHz e por isso esta frequência é considerada a frequência máxima. A partir do conhecimento das ondas de rádio e da sua dependência da frequência da intensidade do campo magnético, é possível estimar a intensidade máxima do campo magnético de Júpiter.

Júpiter é uma fonte prolífica de ondas de rádio naturais que causam emissões de rádio em muitos comprimentos de onda. A capacidade única de determinação de direcções e a elevada sensibilidade da experiência de ondas de rádio e plasma Ulysses (URAP) forneceram muitas informações e pistas novas sobre a origem destes sinais de rádio. A Figura 4.5 mostra uma visão geral dos dados das ondas de rádio e plasma do URAP durante o sobrevoo, apresentados como espectros dinâmicos de frequência vs. tempo, com a intensidade relativa dada pela barra de cores à direita. A figura assinalada com (A) representa uma visão geral de 16 dias registada na Aproximação Máxima (CA, dia 039), enquanto a figura (B) corresponde a duas rotações típicas de Júpiter antes da Aproximação Máxima, com início às 05:00 SCET de 5 de fevereiro. A figura (C) corresponde a um período de 24 horas registado na CA, incluindo a passagem pelo Toro de Plasma de Io, e (D) mostra o período de 24 horas no dia do choque de proa e da travessia da magnetopausa. Finalmente, a figura (E) mostra o período de 24 horas que contém algumas das travessias da magnetopausa de saída. É de salientar que a chamada "radiação quilométrica de banda estreita" (nKOM) foi observada como sendo originária de fontes discretas e de longa duração localizadas nas regiões exteriores do Toro de Plasma de Io. As duas estrelas giram em torno de Júpiter a ritmos ligeiramente diferentes. Os estudos do Ulysses sobre a radiação hectométrica (HOM) mostraram um feixe latitudinal estreito ao longo do equador magnético e forneceram restrições adicionais aos modelos existentes para a fonte desta emissão radioeléctrica. A Voyager detectou várias explosões de emissões rádio que produzem um desvio rápido caraterístico na frequência. São os chamados eventos "Jovianos tipo III". Com o Ulysses, foi registado um bom número de eventos deste tipo. Parecem ser um componente importante do espetro de rádio de Júpiter. Nas frequências mais baixas, a emissão contínua de Júpiter foi encontrada pelo URAP a distâncias muito grandes do planeta. Verificou-se que tanto a gama de frequências como a intensidade do continuum se alteram com a pressão do vento solar, constituindo assim um monitor remoto a longo prazo das condições do vento solar em Júpiter.

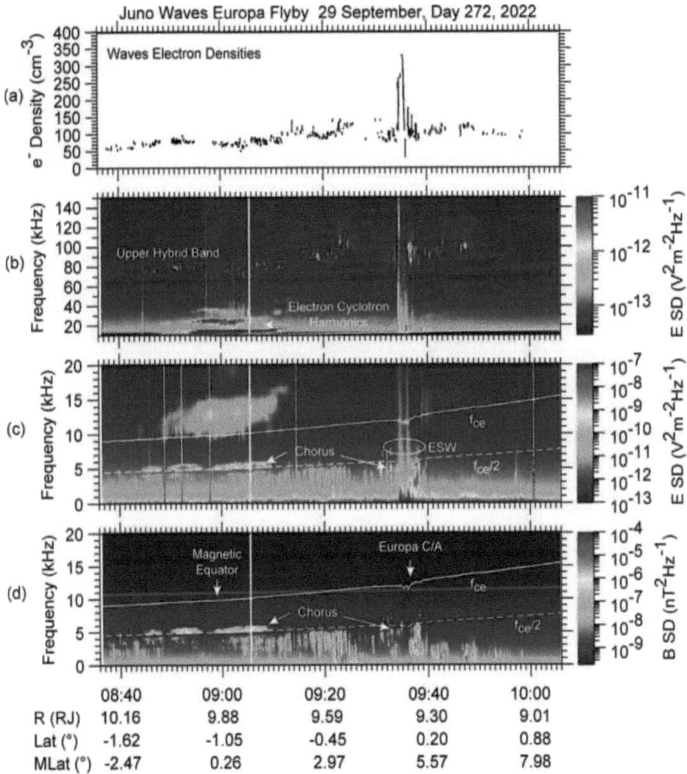


**Figura 4.5** Uma visão geral dos dados de ondas de rádio e

173

plasma do URAP durante o sobrevoo, apresentados como espectros dinâmicos de frequência vs. tempo, com a intensidade relativa dada pela barra de cores à direita

## 4.5 Impacto de Io na aceleração dos electrões

É bem conhecido que a emissão é largamente produzida pelos electrões presentes no toro de Io e acelerados por Io. A emissão é irradiada num cone oco e os electrões espiralam em direção ao planeta. As populações de electrões reflectidos têm uma distribuição em cone perdido e são responsáveis pela emissão. Dependendo do ângulo de inclinação, alguns perdem-se na atmosfera superior, criando um ponto quente, enquanto outros são reflectidos antes de atingirem a atmosfera. A figura 4.6 revela a influência de Io na aceleração dos electrões. O papel combinado de Io e da ionosfera é ilustrado na figura. Os limites do tubo de corrente de Alfven estão também indicados na figura, que mostra a distribuição do campo tanto em vista lateral como em vista frontal.

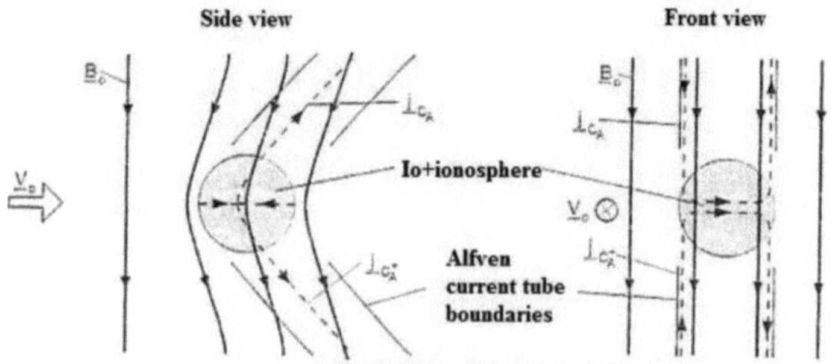


**Figura 4.6** A influência de Io na aceleração dos electrões

A emissão ocorre num episódio chamado "tempestades" que pode durar de alguns minutos a várias horas, produzindo os dois tipos distintos de explosões durante uma tempestade. Pensa-se que a emissão é irradiada para um fino cone oco com eixo paralelo à direção do campo magnético perto dos pólos magnéticos. As probabilidades de deteção de

a emissão depende em grande parte de três factores, a saber, os valores da longitude do meridiano central Joviano (CML), a fase de Io e a declinação Jovicêntrica da Terra (DE). As regiões no plano da fase CML-Io que têm maior probabilidade de emissão são conhecidas como fontes. As fontes são denominadas Io-A, Io-B e Io-C para a emissão controlada por Io e A, B e C para a emissão não controlada por Io. Na Tabela 1 apresentamos as três emissões controladas por Io- e os correspondentes Lambda III, Io-fase e a descrição das rajadas formadas. Na prática, a emissão decamétrica é detetável utilizando um simples dipolo de meia onda, um fio longo ou uma antena de laço. Estas antenas de baixo ganho têm uma séria limitação e são apropriadas para detetar apenas rajadas muito fortes. As antenas com ganhos de 6-10 dB em relação a um dipolo de meia onda são consideradas melhores para detetar a emissão. As antenas Yagi (5 elementos) e as antenas periódicas logarítmicas podem proporcionar ganhos desta ordem. Estas antenas de maior ganho, acopladas a receptores de rádio HF, podem servir para detetar a maior parte da parte forte da emissão radioeléctrica decamétrica de Jovian. As emissões podem ser melhor detectadas na gama 18 - 22 MHz. A uma frequência inferior a 18 MHz espera-se uma forte interferência das estações, enquanto que a uma frequência superior a 22 MHz há uma queda acentuada na intensidade da emissão de rádio. A posição orbital de Io é identificada pela fase de Io. A fase de Io é de 0 graus quando Io está diretamente atrás de Júpiter, visto da Terra. A fase de Io aumenta com as órbitas de Io até atingir 180 graus quando Io passa em frente de Júpiter, como observado da Terra. Das duas fontes do satélite Io, as fontes não relacionadas com Io têm uma hipótese de serem encontradas independentemente da posição de Io na sua órbita. As fontes relacionadas com Io têm todas maior probabilidade de serem ouvidas do que as fontes correspondentes não relacionadas com Io. As fontes rotuladas como A, B e C estão por ordem da probabilidade de as observar. A Figura 4.7 revela a Longitude do Meridiano Central (CML), definida pela longitude de Júpiter em relação à Terra num determinado momento, versus gráficos de Io-fase que ilustram o facto de a orientação de Júpiter e a posição orbital de Io desempenharem um papel significativo na deteção de emissões de rádio decamétricas. A figura indica que a fonte A tem a maior probabilidade de ser detectada.

**Quadro 4.1** Três emissões controladas pelo Io e respectivos
pormenores

| Storm | Lambda III | Io-Phase | Description |
|-------|-----------|----------|-------------|
| Io-A | 200-290 | 195-265 | RH pol., mostly L-Bursts |
| Io-B | 90-200 | 75-105 | RH pol., mostly S-Bursts |
| Io-C | 290-10 | 225-250 | LH pol., L and S Bursts |

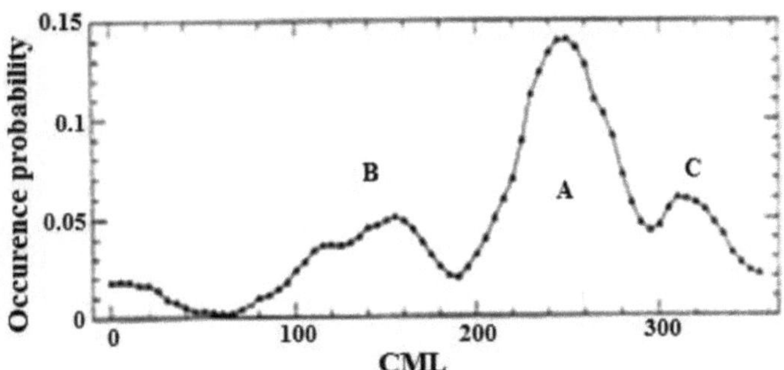


**Figura 4.7** Gráfico da probabilidade de ocorrência das fontes
de rádio A, B e C em função da Longitude do Meridiano Central
(LMC) de Júpiter

## 4.6 Luas galileanas de Júpiter

Dos 67 satélites naturais de Júpiter, 51 têm menos de 10
km de diâmetro. Só foram descobertos a partir de 1975. As
quatro maiores luas de Júpiter são chamadas "luas galileanas"
e têm os nomes de Io, Europa, Ganimedes e Calisto. Se

Ganimedes não estivesse ligado a Júpiter, seria considerado um planeta individual por direito próprio. É, de facto, maior do que Mercúrio e tem regiões escuras com muitas crateras, com extensões mais claras pelo meio. Os geólogos acreditam que tem placas semelhantes às da Terra, mas que se congelaram pouco depois do seu nascimento. A mais externa das luas galileanas, Calisto, é quase um gémeo exato de Mercúrio em tamanho e aspeto, e cada quilómetro quadrado está cheio de crateras ou outros sinais de bombardeamento. Europa está mais perto de Júpiter do que Ganimedes. Os geólogos pensam que Europa tem água líquida por baixo da superfície gelada e que também existe a possibilidade de vida. Io é uma lua mais próxima cujos vulcões têm um papel importante no sistema solar. O tamanho e a composição de Io são semelhantes aos da nossa lua. As quatro luas galileanas com o seu planeta Júpiter estão representadas na Figura 4.8(a), enquanto na Figura 4.8(b), da esquerda para a direita, as quatro luas, Io, Europa, Ganimedes e Calisto, estão representadas por ordem crescente de distância a Júpiter.

As órbitas de Io, Europa e Ganimedes formam um padrão bem conhecido designado por ressonância de Laplace; por cada quatro órbitas que a lua Io faz em torno de Júpiter, a lua Europa faz exatamente duas órbitas e a lua Ganimedes faz exatamente uma. Esta ressonância produz os efeitos gravitacionais das três grandes luas para distorcer as suas órbitas em formas elípticas, uma vez que cada uma das luas recebe um puxão extra das suas vizinhas no mesmo ponto de cada órbita que faz.

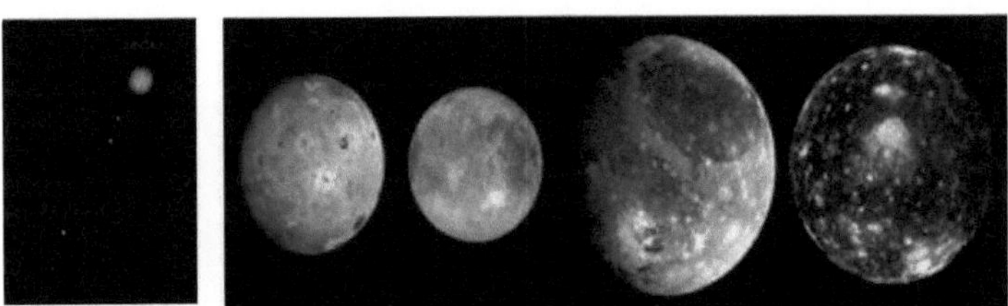

**Figura 4.8** (a) Júpiter com as quatro luas de Galileu, (b) por ordem crescente de distância a Júpiter: Io, Europa, Ganimedes, Calisto (da esquerda para a direita)

Por outro lado, a força de maré de Júpiter actua para circular as suas órbitas. Devido à excentricidade das suas órbitas, as formas das três luas sofrem uma flexão regular. De facto, a gravidade de Júpiter estica-as à medida que se aproximam e permite-lhes voltar a ter formas esféricas quando se afastam. Esta flexão das marés é responsável pelo aquecimento dos interiores das luas por fricção. Isto pode ser notado de forma muito proeminente durante a extraordinária atividade vulcânica da parte mais interior de Io e, em menor grau, na idade geológica da superfície de Europa. Na Tabela 4.2 comparámos as quatro luas de Galileu com a Lua da Terra.

**Quadro 4.2** Comparação das quatro luas de Galileu com a Lua da Terra

| Name | Diameter | | Mass | | Orbital Radius | | Orbital Period | |
|---|---|---|---|---|---|---|---|---|
| | km | % | kg | % | km | % | day | % |
| Io | 3643 | 105 | $8.9 \times 10^{22}$ | 120 | 421, 700 | 110 | 1.77 | 7 |
| Europa | 3122 | 90 | $4.8 \times 10^{22}$ | 65 | 671, 034 | 175 | 3.55 | 13 |
| Ganymede | 5262 | 150 | $14.8 \times 10^{2}{}_{2}$ | 200 | 1,07 0,41 2 | 280 | 7.15 | 26 |
| Callisto | 4821 | 140 | $10.8 \times 10^{2}{}_{2}$ | 150 | 1,88 2,70 9 | 490 | 16.6 9 | 61 |

Uma subdivisão fundamental é um grupo das oito luas interiores regulares com órbitas quase circulares perto do plano do equador de Júpiter. Pensa-se que se formaram com Júpiter. As restantes luas são constituídas por um número desconhecido de pequenas luas irregulares com órbitas elípticas inclinadas, que se presume terem sido capturadas por asteróides ou fragmentos de asteróides capturados. As luas irregulares pertencem a um grupo e partilham elementos orbitais semelhantes, tendo uma origem comum. Algumas propriedades fundamentais das luas regulares e irregulares são apresentadas na Tabela 4.3.

**Tabela 4.3** Algumas propriedades fundamentais das luas regulares e irregulares

| Type | Particulars | Properties |
|---|---|---|
| *Regular moons* | Inner group | The inner group of four small moons have diameters less than 200 km, orbit at radii less than 200,000 km and have orbital inclinations of less than half a degree. |
| | Galilean moons | The four moons belong to this category, discovered by Galileo and also by Marius in parallel, have orbits between 400,000 and 2,000,000 km. |
| *Irregular moons* | Themisto | This is a single moon belonging to a group of its own, orbiting halfway between the Galilean moons and the Himalia group. |

| | | |
|---|---|---|
| | Himalia group | A clustered group of moons, have orbits around 11,000,000–12,000,000 km from Jupiter. |
| | Carpo | An isolated case; at the inner edge of the Ananke group, it orbits Jupiter in prograde direction. |
| | Ananke group | This retrograde orbit group has indistinct borders, averaging 21,276,000 km from Jupiter with an average inclination of 149 degrees. |
| | Carme group | A fairly distinct retrograde group, averages 23,404,000 km from Jupiter with an average inclination of 165 degrees. |

| | Pasiphaë group | A dispersed and only vaguely distinct retrograde group covering all the outermost moons. |
|---|---|---|

## 4.7 Rotações das Luas de Galileu

As órbitas de Io estão a uma distância de 421.700 km do centro do planeta e 350.000 km do topo das suas nuvens. A sua órbita situa-se entre as de Tebe e Europa. Demora 42,5 horas a completar uma órbita. A lua Io está numa ressonância orbital de movimento médio de 2:1 com Europa e numa ressonância orbital de movimento médio de 4:1 com Ganimedes. A ressonância é útil para manter a excentricidade orbital de Io que, por sua vez, é a principal fonte de aquecimento da sua atividade geológica. Sem esta excentricidade forçada, a órbita de Io circularia através da dissipação das marés, levando a um mundo geologicamente menos ativo. À semelhança de outros satélites galileanos de Júpiter e da Lua da Terra, Io roda em sincronia com o seu período orbital, mantendo uma face quase apontada para Júpiter. Esta sincronia dá a definição do sistema de longitude de Io. O meridiano principal de Io intersecta os pólos norte e sul e o equador no ponto sub-Joviano. O lado de Io que está sempre virado para Júpiter é chamado hemisfério sub-joviano, enquanto o lado que está virado para o exterior é chamado hemisfério antijoviano. O lado de Io que está virado para a direção em que a lua se move na sua órbita é chamado hemisfério principal e o lado que está virado para a direção oposta é chamado hemisfério secundário. A ressonância de Laplace de Io com Europa e Ganimedes é mostrada na Figura 4.9(a), enquanto a Figura 4.9(b) mostra a órbita das quatro luas de Júpiter, incluindo a lua Calisto.

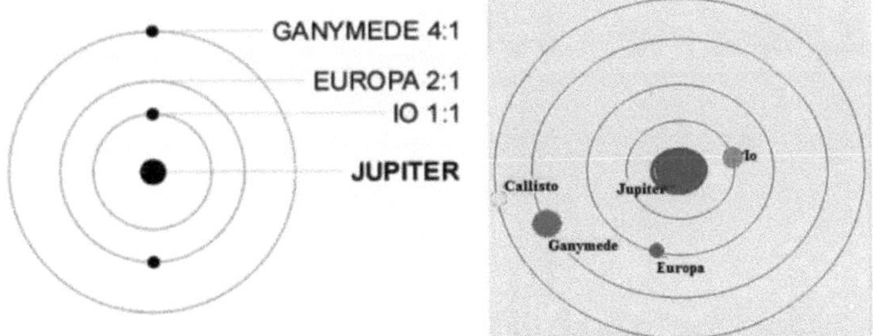


**Figura 4.9** (a) Ressonância de Laplace de Io, Europa e Ganimedes (b) Órbita das quatro luas do planeta Júpiter

## 4.8 Observações

Foram descobertas outras 57 luas em torno de Júpiter, quatro das quais estão mais próximas do que Io, cujos nomes, por ordem a partir de Júpiter, são Metis, Adrastea, Amalthea e Thebe. Por ordem a seguir aos Satélites de Galileu estão Themisto, Leda, Himalia, Lysithea e Elara. Há mais quatro luas descobertas posteriormente, das quais os cientistas pouco sabem. Com o objetivo de apresentar alguns dados relevantes sobre as luas de Júpiter, em particular a distância da lua a

Júpiter, o período orbital, a massa e o raio, classificámo-las em duas categorias, tendo em conta a órbita da lua. Assim, a Tabela 4.4 é usada para apresentar aqueles em que a lua não orbita em retrógrado, enquanto a Tabela 4.5 é para aqueles em que a lua orbita em retrógrado, ou seja, na direção oposta ao movimento de rotação do planeta.

**Tabela 4.4** Dados relativos às luas de Júpiter em que as órbitas das luas não estão retrógradas

| Name | Discovery Date | Discoverer | Distance (x10³ km) | Orbital Period (days) | Mass (10²⁰ kg) | Radius (km) |
|---|---|---|---|---|---|---|
| Io (JI) | 1610 | Galileo Galilei | 421.6 | 1.769138 | 893.2 | 1821.6 |
| Europa (JII) | 1610 | Galileo Galilei | 670.9 | 3.551181 | 480.0 | 1560.8 |
| Ganymede (JIII) | 1610 | Galileo Galilei | 1070.4 | 7.154553 | 1481.9 | 2631.2 |
| Callisto (JIV) | 1610 | Galileo Galilei | 1882.7 | 16.689018 | 1075.9 | 2410.3 |
| Metia (JXVI, S/1979 J3) | 1979 | S. Sunnotd | 128.0 | 0.294779 | 0.001 | 20 |
| Adrastea (JXV, S/1979 J1) | 1979 | Jewitd and Danielson | 129.0 | 0.298260 | 0.0002 | 13 x 10 x 8 |

| Amalthea (JV) | 1892 | E. Barnard | 181.4 | 0.498179 | 0.075 | 131 x 73 x 67 |
|---|---|---|---|---|---|---|
| Thebe (JXIV, S/1979 J2) | 1979 | S. Synnotd | 221.9 | 0.6745 | 0.008 | 55 x 45 |
| Themisto (JXVIII, S/1975 J1) | 1975 | | 7507 | 130.02 | | 4 |
| Leda (JXIII) | 1974 | C. Kowall | 11170 | 240.92 | 0.00006 | 5 |
| Himalia (JVI) | 1904 | C. Perrine | 11460 | 250.5662 | 0.095 | 85 |
| Lysithea (JX) | 1938 | S. Nicholson | 11720 | 259.22 | 0.0008 | 12 |
| Elara (JVII) | 1905 | C. Perrine | 11740 | 259.6528 | 0.008 | 40 |
| S/2000 J11 | 2000 | | 12560 | 287.0 | | 2.0 |
| Karpo (XLVI, S/2003 J20) | 2003 | | 17100 | 456.5 | | 3.0 |

**Tabela 4.5** Dados relativos às luas de Júpiter em que as órbitas das luas estão retrógradas

| Name | Discovery Date | Discover er | Distance from Jupiter (10³ km) | Orbital Period (days) | Mass (10²⁰ kg) | Radius (km) |
|---|---|---|---|---|---|---|
| Euporie (JXXXIV, S/2001 J10) | 2001 | | 19390 | 553.1 | | 1.0 |
| Euanthe (JXXXIII, S/2001, J7) | 2001 | | 21030 | 620.0 | | 1.5 |
| Harpalyke (JXXII, S/2000 J5) | 2000 | | 21110 | 623.3 | | 2.2 |
| Praxidike (JXXVII, S/2000 J7) | 2000 | | 21150 | 625.3 | | 3.4 |
| Orthosie (JXXXV, S/2001, J9) | 2001 | | 21170 | 623.0 | | 1.0 |

| | | | | | | |
|---|---|---|---|---|---|---|
| Iocaste (JXXIV, S/2000 J3) | 2000 | | 21270 | 631.5 | | 2.6 |
| Ananke (JXII) | 1951 | S. Nicholson | 21280 | 629.8 | 0.0004 | 10 |
| Hermippe (JXXX, S/2001 J3) | 2001 | | 21250 | 631.9 | | 2.0 |
| Thyone (JXXIX, S/2001 J2) | 2001 | | 21310 | 632.4 | | 2.0 |
| Arche (JXLIII, S/2002 J1) | 2002 | | 22930 | 723.9 | | 1.5 |
| Pasithee (JXXXVIII, S/2001 J6) | 2001 | | 23030 | 716.3 | | 1.0 |
| Kale (JXXXVII, S/2001 J8) | 2001 | | 23120 | 720.9 | | 1.0 |
| Chaldene (JXXI, S/2000 J10) | 2000 | | 23180 | 723.8 | | 1.9 |

| Isonoe (JXXVI, S/2000 J6) | 2000 | | 23220 | 725.5 | | 1.9 |
|---|---|---|---|---|---|---|
| Eurydome (JXXXII, S/2001 J4) | 2001 | | 23220 | 720.8 | | 1.5 |
| Erinome (JXXV, S/2000 J4) | 2000 | | 23280 | 728.3 | | 1.6 |
| Taygete (JXX, S/2000 J9) | 2000 | | 23360 | 732.2 | | 2.5 |
| Carme (JXI) | 1938 | S. Nicholson | 23400 | 734.2 | 0.001 | 15 |
| Kalyke (JXXIII, S/2000 J2) | 2000 | | 23580 | 743.0 | | 2.6 |
| Aitne (JXXXI, S/2001 J11) | 2001 | | 23550 | 741.0 | | 1.5 |
| Pasipha (JVIII) | 1908 | P. Melotte | 23620 | 743.6 | 0.003 | 18 |

| Megaclite (JXIX, S/2000 J8) | 2000 | | 23810 | 752.8 | | 2.7 |
|---|---|---|---|---|---|---|
| Sponde (JXXXVI, S/2001 J5) | 2001 | | 23810 | 749.1 | | 1.0 |
| Sinope (JIX) | 1914 | S. Nicholson | 23940 | 758.9 | 0.0008 | 14 |
| Callirrhoe (JXVII, S/1999 J1) | 1999 | Space watc Project Min | 24100 | 758.8 | | 4 |
| Autonoe (JXXVIII, S/2001 J1) | 2001 | | 24120 | 765.1 | | 2.0 |
| Eukelade (XLVII, S/2003 J1) | 2003 | | 24560 | 781.6 | | 4.0 |
| Helike (XLV, S/2003 J6) | 2003 | | 20980 | 617.3 | | 4.0 |

| | | | | | | |
|---|---|---|---|---|---|---|
| **Aoede (XLI, S/2003 J7)** | 2003 | | 23810 | 748.8 | | 4.0 |
| **Hegemone (JXXXIX, S/2003 J8)** | 2003 | | 24510 | 781.6 | | 3.0 |
| **Kallichore (XLIV, S/2003 J11)** | 2003 | | 22400 | 683.0 | | 2.0 |
| **Cyllene (XLVIII, S/2003 J21)** | 2003 | | 24000 | 737.8 | | 2.0 |
| **Mneme (JXL, S/2003 J21)** | 2003 | | 20600 | 599.0 | | 2.0 |
| **Thelxinoe (XLII, S/2003 J22)** | 2003 | | 20700 | 601.0 | | 2.0 |
| **S/2003 J2** | 2003 | | 28570 | 982.5 | | 2.0 |
| **S/2003 J3** | 2003 | | 18340 | 504.0 | | 2.0 |
| **S/2003 J4** | 2003 | | 23260 | 723.2 | | 2.0 |
| **S/2003 J5** | 2003 | | 24080 | 759.7 | | 4.0 |

| S/2003 J9 | 2003 | | 22440 | 683.0 | | 1.0 |
|---|---|---|---|---|---|---|
| S/2003 J10 | 2003 | | 24250 | 767.0 | | 2.0 |
| S/2003 J12 | 2003 | | 19000 | 533. | | 1.0 |
| S/2003 J14 | 2003 | | 25000 | 807.8 | | 2.0 |
| S/2003 J15 | 2003 | | 22000 | 66.4 | | 2.0 |
| S/2003 J16 | 2003 | | 21000 | 595.4 | | 2.0 |
| S/2003 J17 | 2003 | | 22000 | 690.3 | | 2.0 |
| S/2003 J18 | 2003 | | 20700 | 606.3 | | 2.0 |
| S/2003 J19 | 2003 | | 22800 | 701.3 | | 2.0 |
| S/2003 J23 | 2003 | | 24060 | 759.7 | | 2.0 |

## 4.9 Partículas de Alta Energia na Magnetosfera de Júpiter

A extensa magnetosfera de Júpiter envolve o seu sistema de anéis e as órbitas das quatro luas galileanas. Orbitando perto do equador magnético, estes corpos servem como fontes e sumidouros de plasma magnetosférico. Como consequência, as partículas energéticas da magnetosfera alteram as suas superfícies. Na prática, as partículas energéticas libertam material das superfícies para criar alterações químicas através da radiólise. A co-rotação do plasma com o planeta provoca uma interação com os hemisférios posteriores das luas, causando assimetrias hemisféricas notáveis. Além disso, os grandes campos magnéticos internos das luas contribuem largamente para o campo magnético Joviano de Júpiter (Figura 4.10).

A existência dos anéis de Júpiter foi colocada pela primeira vez como hipótese tendo em conta os dados da nave espacial 'Pioneer 11'. Uma análise dos dados foi capaz de detetar uma queda acentuada no número de iões de alta energia perto do planeta. Os anéis e as pequenas luas do planeta absorvem partículas de alta energia perto de Júpiter, provenientes das cinturas de radiação. Isto produz lacunas consideráveis na distribuição espacial das cinturas e também afecta a radiação sincrotrão decimétrica. O campo magnético planetário influencia largamente o movimento das partículas sub-micrométricas dos anéis, que adquirem uma carga eléctrica por influência da radiação UV solar, cujo comportamento é análogo ao dos iões em co-rotação. Supõe-se que a interação ressonante entre a co-rotação e o movimento orbital seja responsável pela formação do anel mais interior do halo de Júpiter situado entre 1,4 e 1,71 Rj, que consiste em partículas sub-micrométricas localizadas principalmente em órbitas altamente inclinadas e excêntricas.

**Figura 4.10** Absorção de partículas de alta energia pelos anéis e luas de Júpiter a partir das cinturas de radiação

Estas partículas têm origem no anel principal e no momento em que se dirigem para Júpiter as suas órbitas são alteradas pela forte ressonância de Lorentz 3:2 localizada a 1,71 Rj, que aumenta as suas inclinações e excentricidades. A 1,4 Rj, outra ressonância de Lorentz 2:1 define o limite interior do anel do halo. As quatro luas galileanas têm atmosferas finas com pressões superficiais na ordem dos 0,01-1 nbar, que por sua vez suportam ionosferas substanciais com densidades de electrões na ordem dos 1,000-10,000 $cm^{-3}$. O fluxo co-rotacional do plasma magnetosférico é desviado, em certa medida, pelas correntes ionosféricas induzidas, produzindo estruturas em forma de cunha designadas por asas de Alfven. A interação das grandes luas devido ao fluxo co-rotacional é idêntica à interação do vento solar com os planetas não magnetizados (e.g., Vénus). A pressão do plasma em co-rotação retira continuamente gases da atmosfera das luas; alguns destes átomos são ionizados e levados para a co-rotação. Este mecanismo é responsável pela criação de toros de gás e plasma na vizinhança das órbitas das luas (Figura 4.11). Como resultado, todas as quatro luas galileanas (principalmente Io) servem como a principal fonte de plasma na magnetosfera interna e média de Júpiter. As partículas energéticas não são praticamente afectadas pelas asas de Alfven e têm livre acesso às superfícies das luas, com exceção de Ganimedes.

As luas geladas de Galileu (Europa, Ganimedes e Calisto) geram momentos magnéticos induzidos que respondem às variações do campo magnético de Júpiter. Estes momentos magnéticos variáveis produzem campos magnéticos dipolares à sua volta para compensar as alterações do campo ambiente. A indução tem lugar em camadas subsuperficiais de água salgada que provavelmente existem nas luas geladas de Júpiter. A interação da magnetosfera joviana com Ganimedes mostra uma diferença em relação à interação com as luas não magnetizadas. O campo magnético de Ganimedes desvia o fluxo de plasma em co-rotação em torno da sua magnetosfera e protege também as regiões equatoriais da lua, onde as linhas de campo estão fechadas, de partículas energéticas. Algumas das partículas energéticas ficam presas perto do equador de Ganimedes, produzindo mini-cinturas de radiação. Os electrões energéticos que entram na sua fina atmosfera são responsáveis pelas auroras polares ganimedianas observadas. As partículas carregadas têm um papel muito importante nas propriedades da superfície das luas galileanas. O plasma proveniente de Io transporta iões de enxofre e de sódio para mais longe do planeta, para se implantarem nos hemisférios posteriores de Europa e de Ganimedes. No entanto, na lua Calisto, o enxofre concentra-se no hemisfério anterior. Electrões e iões energéticos bombardeiam o gelo da superfície, provocando a radiólise da água e de outros compostos químicos associados. As partículas energéticas quebram assim a água em oxigénio e hidrogénio, mantendo as finas atmosferas de oxigénio das luas geladas, uma vez que o hidrogénio se escapa muito rapidamente.

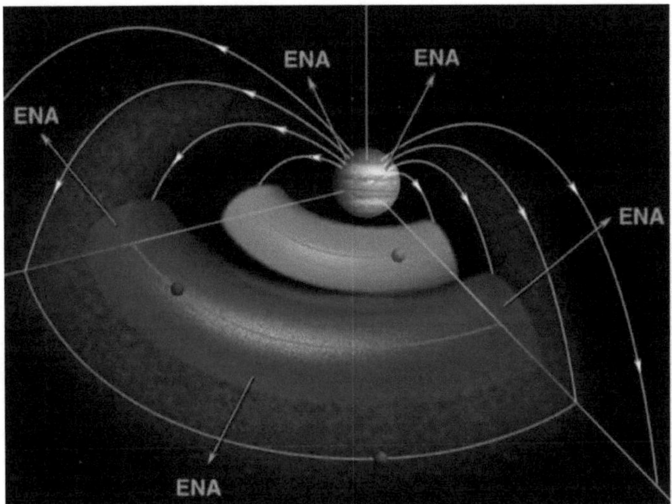


**Figura 4.11** Toros de plasma na vizinhança das órbitas das luas, criados por Io e Europa

## 4.10 Emissões de rádio de Júpiter e das suas luas

Júpiter é uma fonte altamente poderosa de ondas de rádio na região espetral que se estende de vários kHz a dezenas de MHz. As ondas de rádio com frequências inferiores a cerca de 0,3 MHz (ou seja, comprimentos de onda superiores a 1 km) são conhecidas como radiação quilométrica de Júpiter (KOM). Aquelas com frequências entre 0,3-3 MHz (ou seja, comprimentos de onda de 100-1000 m) são a radiação hectométrica (HOM). Do mesmo modo, as emissões na gama de 3-40 MHz (ou seja, comprimentos de onda de 10-100 m) são designadas por radiação decamétrica (DAM). Esta última radiação foi identificada e registada pela primeira vez a partir da

Terra. De facto, a sua periodicidade de quase 10 horas contribuiu para identificar a sua origem em Júpiter. A parte mais forte da emissão decamétrica, relacionada com Io e com o sistema atual Io-Júpiter, é conhecida como Io-DAM. Presume-se que a maior parte destas emissões seja produzida por um mecanismo chamado Instabilidade do Cyclotron Maser. Este desenvolve-se perto das regiões aurorais, quando os electrões saltam para trás e para a frente entre os pólos. Considera-se que os electrões associados à geração de ondas de rádio são os que transportam correntes dos pólos do planeta para o disco magnético. A intensidade das emissões de rádio Jovianas devidas a Júpiter e às suas luas varia normalmente de forma suave com o tempo, embora Júpiter emita periodicamente rajadas curtas e poderosas que podem ser registadas com sucesso na estação terrestre. A potência total emitida pelo componente DAM é de aproximadamente 100 GW, enquanto a potência de todos os outros componentes HOM/KOM é de aproximadamente 10 GW apenas. A Figura 4.12 mostra o espetro das emissões radioeléctricas Jovianas comparado com os espectros de quatro outros planetas magnetizados, Neptuniano, Terrestre, Saturniano e Uraniano em radiação quilométrica. Quando comparados, parece que a potência total das emissões de rádio da Terra é de apenas 0,1 GW.

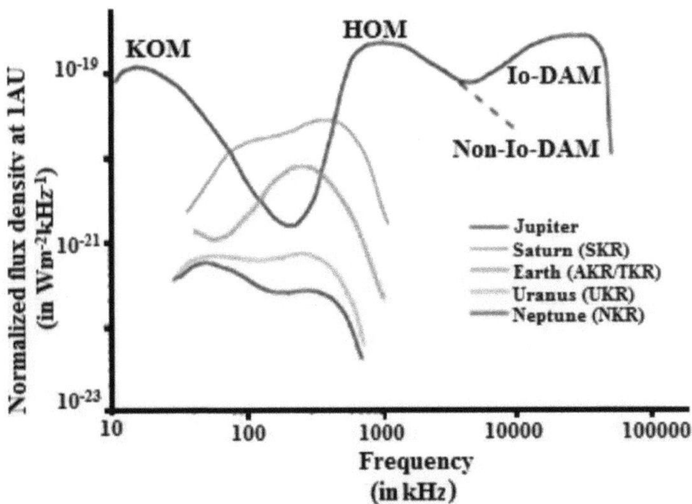


**Figura 4.12** O espetro das emissões radioeléctricas de Júpiter em comparação com os espectros de quatro outros planetas magnetizados em radiação quilométrica

## 4.11 Conclusões

Os primeiros astrónomos aperceberam-se de que os pontos de referência radioeléctricos não correspondiam a nenhuma caraterística das nuvens. Nem mesmo a Grande Mancha Vermelha parecia acompanhar as emissões de rádio, mas seguia um período de rotação único que se mantinha muito constante, nem abrandando nem acelerando. As várias caraterísticas das emissões de rádio permitiram obter muitos factos interessantes e desconhecidos sobre Júpiter. Tal como as ondas de luz, as ondas de rádio podem ser polarizadas ou não polarizadas. Podemos imaginar tanto as ondas de luz como as ondas de rádio como ondulações a voar pelo espaço. A análise efectuada confirmou que a maioria das ondas de rádio de Júpiter são polarizadas. Esta descoberta é importante para fornecer algo sobre a causa das ondas de rádio, as condições na fonte das ondas e até sobre as condições no espaço entre Júpiter e a Terra. As ondas de rádio polarizadas implicam que estas ondas estavam a vir de um local onde está presente um campo magnético. De facto, esta foi uma das primeiras indicações de que Júpiter tinha um campo magnético. O facto de sabermos que Júpiter tem um grande campo magnético e que os "pontos de referência" de rádio reaparecem a intervalos muito constantes são duas informações altamente significativas relacionadas com a parte interior ou núcleo de Júpiter, onde o campo magnético é gerado e largamente influenciado pelos seus satélites.

É de salientar que as emissões de rádio e de partículas de Júpiter são fortemente moduladas pela sua rotação. Este facto torna o planeta semelhante a um pulsar. A modulação periódica parece estar associada a assimetrias na magnetosfera de Júpiter, causadas pela inclinação do momento magnético em relação ao eixo de rotação e por anomalias magnéticas de alta latitude. As emissões radioeléctricas provenientes de Júpiter e dos seus satélites são, em certa medida, semelhantes às dos pulsares radioeléctricos, com a única diferença de escala, pelo que Júpiter também pode ser considerado como um pulsar radioelétrico muito pequeno. Além disso, as emissões de rádio de Júpiter dependem fortemente da pressão do vento solar e de outras actividades solares. Para além da radiação de longo comprimento de onda, Júpiter emite radiação sincrotrónica chamada radiação decimétrica joviana (DIM) com frequências na gama de 0,1-15 GHz (i.e. comprimento de onda de 3 m a 2 cm). Esta é a chamada radiação bremsstrahlung dos electrões relativistas presos nas cinturas de radiação internas do planeta. A energia dos electrões que contribuem para as emissões DIM é de 0,1 a 100 MeV, sendo a principal contribuição de 1 a 20 MeV. Esta radiação é utilizada para estudar a estrutura do campo magnético e das cinturas de radiação. As partículas nas cinturas de radiação têm origem na magnetosfera exterior e são aceleradas adiabaticamente quando transportadas para a magnetosfera interior. A magnetosfera Joviana e as suas luas Galileanas emitem fluxos de electrões e iões de alta energia que viajam até à órbita da Terra. Estes fluxos são colimados e alteram-se com o período de rotação do planeta, tal como as emissões de rádio, o que, mais uma vez, é uma semelhança com um pulsar.

## Referências

1. C.H. Barrow, 1985, The influence of the Sun on Jupiter's radio emission, em Planetary Radio Emissions I, Ed.: Rucker, H.O. and Bauer, S.J., Austrian Academy of Sciences, 148.
2. C. H. Barrow, 1972, Decametre wave radiation from Jupiter and solar activity, Planet. Space Sci., 20, 2051.
3. L. W. Brown, 1974, Spectral behavior of Jupiter near 1 MHz, Astrophysical Journal, 194, L159- L162.
4. T. D. Carr, M. D. Desch e J. K. Alexander, 1983, Phenomenology of magnetospheric radio emissions, in Physics of the Jovian Magnetosphere, editado por Dessler, A. J., Cambridge Univ. Press, New York, 226-284.
5. T.D. Carr, A.G. Smith, R. Pepple, et al., 1958, 18-Megacycle observations of Jupiter in 1957, Astrophysical Journal, 127, 274-284.
6. A. B. Bhattacharya, S. Joardar, R. Bhattacharya, A. Bhoumick, A. Nag, M. Debnath e D. Halder, 2010, Reception of Jovian radio signals in a tropical station, International Journal of Engineering Science and Technology, 2, 5704-5713.
7. M. D. Desch e C. H. Barrow, 1984, Diret evidence for solar wind control of Jupiter's hectometer-wavelength radio emission, Journal of Geophysical Research, 89, 6819-6823.
8. R. M. Gallet, 1957), Results of the observations of Jupiter's radio emission on 18 and 20 Mc/s in 1956 and 1957, Trans.

Inst. Rad., 5, 327.

9. P.H.M. Galopeau e M.Y. Boudjada, 2005, Solar wind control of Jovian auroral emissions, Journal of Geophysical Research, 110, A09221.

10. F. Genova, P. Zarka e A. Lecacheux, 1989, Jupiter decametric radiation, em Time Variable Phenomena in the Jovian System, Rep. NASA SP-494, editado por Belton, M. J. S., West, R. A. e Rahe, J., 156-174, NASA.

11. B. H. Mauk, D. J. Williams e R. W. McEntire, 1997, Energy-time dispersed charged particle signatures of dynamic injections in Jupiter?s inner magnetosphere, Geophysical Research Letters, 24, 2949-2952.

12. J.W. Belcher, 1987, The Jupiter-Io Connection: Um Motor Alfven no Espaço, Science, 238, 170-176.

13. B. Mauk, and J. Saur, 2007, Equatorial electron beams and auroral structuring at Jupiter, Journal of Geophysical Research, 112, A10221.

14. J. A. Roberts, 1963, Radio emission from the planets, Planetary Space Science, 11, 221.

15. K. Imai, L. Garcia, F. Reyes, M. Imai e J. R. Thieman, 2011, A Model of Jupiter's decametric Radio emissions as a searchlight beam, Planetary Radio Emissions VII, editado por Rucker, H.O., Kurth, W.S., Louarn, P. e Fischer, G., Academia Austríaca de Ciências, Graz, Áustria, 179-186.

16. D.A. Gurnett, W.S. Kurth, G.B. Hospodarsky, A.M.

Persoon, P. Zarka, A. Lecacheux, S. J. Bolton, S.J. Desch, W.M. Farrell, M.L. Kaiser, H-P. Ladreiter, H.O. Rucker, P. Galopeau, P. Louarn, D.T. Young, W.R. Pryor, M.K. Dougherty, 1993, The solar wind control of Jovian hectometric radiation and auroral EUV emissions, Nature, Thursday 28 Feb 2002.

17.	R. Prangé, P. Zarka, G. E. Ballester, T. A. Livengood, L. Denis, T. D. Carr, F. Reyes, S. J. Bame, e H. W. Moos, 1993, Correlated variations of UV and Radio emissions during an outstanding jovian auroral event, Journal of Geophysical Research-Planets, 98, 18779-18791.

18.	S. S. Sheppard, 2012, The Giant Planet Satellite and Moon Page, Departamento de Magnetismo Terrestre da Instituição Carniege para a Ciência, Recuperado em 2012-09-11.

19.	S. Musotto, F. Varadi, W. B. Moore e G. Schubert, 2002, Numerical simulations of the orbits of the Galilean satellites, Icarus, 159, 500-504.

20.	D. Nesvornÿ, J. L. A. Alvarellos, L. Dones e H. F. Levison, 2003, Orbital and Collisional Evolution of the Irregular Satellites, The Astronomical Journal, 126, 398-429.

21.	S. J. Peale, et al., 1979, Melting of Io by Tidal Dissipation, Science, 203, 892-894.

22.	R. M. C. Lopes e D. A. Williams, 2005, Io after Galileo, Reports on Progress in Physics, 68, 303-340.

23.	R.E. Johnson, et al., 2004, Radiation Effects on the Surfaces of the Galilean Satellites, In Bagenal, F., et al., Jupiter: The Planet, Satellites and Magnetosphere, Cambridge University Press.

24.	J.A. Burns, et al., 2004, Jupiter's ring-moon system, In Bagenal, F., et al., In: Jupiter. the planet, Cambridge University Press.

25.	J.F. Cooper, et al., 2001, Energetic ion and electron irradiation of the icy Galilean satellites, Icarus, 139, 133-159.

26.	D. J. Williams, B. Mauk e R. W. McEntire, 1998, Properties of Ganymede's magnetosphere as revealed by energetic particle observations, Journal of Geophysical Research, 103, 17,523-17,534.

27.	C. A. Hibbitts, T. B. McCord e T. B. Hansen, 2000, Distribution of $CO2$ and $SO2$ on the surface of Callisto, Journal of Geophysical Research, 105, 22,541-557.

28.	R. A. Lovett, 2006, Stardust's Comet Clues Reveal Early Solar System, National Geographic News.

29.	T. W. Hill e A. J. Dessler, 1995, Space physics and astronomy converge in exploration of Jupiter's Magnetosphere, Earth in Space, 8, 6.

30.	P. Zarka e W.S. Kurth, 2005, Radio wave emissions from the outer planets before Cassini, Space Science Reviews, 116, 371-397.

31.	A. B. Bhattacharya, S. Mondal, J. Pandit, D. Halder,

A. Sarkar e B. Raha, 2012, Detection of Jovian radio bursts at high altitudes, International Journal of Engineering Science and Technology, 4, 3029-3038.

32.     D. Santos-Costa e S.A. Bourdarie, 2001, Modeling the inner Jovian electron radiation belt including non-equatorial particles, Planetary and Space Science, 49, 303-312.

33.     S.J. Bolton, et al. 2002, Electrões ultra-relativistas nas cinturas de radiação de Júpiter, Nature, 415, 987-991

34.     K. K. Khurana, et al., 2004, The configuration of Jupiter's magnetosphere, In Bagenal, F., Dowling, T.E. e McKinnon, W.B., Jupiter: The Planet, Satellites and Magnetosphere, Cambridge University Press.

35.     N. Krupp, et al., 2004, Dynamics of the Jovian Magnetosphere, In Bagenal, F., et al., Jupiter: The Planet, Satellites and Magnetosphere, Cambridge University Press.

36.     A. B. Bhattacharya e B. Raha, 2013, The Search for Earth-Like Habitable Planet: Antarctica lake Vostok May be Jupiter's Europa, Science and Culture, 79, 59-61,2013.

37.     A. B. Bhattacharya e B. Raha, 2013, Absorption of High Energy Particles and Plasma Tori in the Vicinity of Jovian Moons' Orbits, Journal of Information Technology and Engineering (An International Journals), 4, 26-35.

# Capítulo 5: Formação de ciclones e variação do fluxo da nuvem de Oort

## 5.1 Antecedentes

Júpiter é o maior planeta do nosso Sistema Solar, com um raio de 11,3 raios terrestres, uma massa equivalente a 317 massas terrestres e uma densidade média de 1,3 gm/cc, próxima da da água. A New Horizons é uma nave espacial robótica da NASA lançada em 19 de janeiro de 2006, diretamente para uma trajetória de fuga da Terra e do Sol, com uma velocidade relativa à Terra de cerca de 16,26 km/s. Neste artigo, começa-se por resumir a formação de ciclones em Júpiter, tal como vista pela nave espacial New Horizons. Os limites das zonas e cinturas do planeta são considerados com foco nos padrões caraterísticos. O princípio da formação de ciclones nos hemisférios norte e sul é examinado com base em parâmetros meteorológicos como a temperatura e a pressão no núcleo de Júpiter e no seu topo. A Grande Mancha Vermelha de Júpiter (GRS) é uma tempestade atmosférica que tem sido forte no hemisfério sul de Júpiter durante pelo menos 400 anos. Tanto a Grande Mancha Vermelha como as propriedades da tempestade vermelha associadas ao planeta são analisadas, para além dos factores ambientais e do provável encontro.

Os cometas têm geralmente dois pontos de origem diferentes no Sistema Solar. Os dois tipos de cometas são:

(i) Cometas de curto período e

(ii) Cometas de longo período.

Os cometas de curto período, cujas órbitas duram até 200 anos, são geralmente originários da cintura de Kuiper ou do disco disperso. Os cometas de longo período, cujas órbitas duram milhares de anos, têm origem na nuvem de Oort. Em 6 de junho de 2011, os astrónomos descobriram um cometa com a designação C/2011 L4 PANSTARRS. O cometa, proveniente da nuvem de Oort, foi visível no hemisfério norte em 12 e 13 de março de 2013 no seu ponto mais brilhante e ofereceu a visão mais clara para observar mesmo a olho nu, a baixa altitude no horizonte ocidental após o pôr do sol. O cometa, que tem órbitas com excentricidade e = 1,0, é suscetível de regressar ao sistema solar após 106.000 anos. É bem sabido que os impactos dos cometas podem causar alterações climáticas dramáticas na atmosfera da Terra, sendo possível uma extinção subsequente. É essencial melhorar a taxonomia dos corpos semelhantes a cometas no sistema solar. Em primeiro lugar, devido a descobertas recentes, as populações de corpos semelhantes a cometas no sistema solar parecem ser muito mais extensas do que se pensava anteriormente. Em segundo lugar, foram agora determinados muitos objectos invulgares que circulam essencialmente dentro do sistema planetário conhecido, por exemplo, (5335) Damocles e os "asteróides" (4015). Quer por razões físicas quer por razões dinâmicas, estes objectos esbatem a tradicional distinção clara entre cometas e asteróides. Além disso, a distribuição espacial dos objectos em órbitas muito para além de Neptuno, mas com distâncias de afélio inferiores ao limite interior convencional da nuvem de Oort dinamicamente ativa, é considerada um disco achatado ou uma estrutura semelhante a uma cintura. Todos estes objectos têm órbitas que, em alguns casos, se estendem a centenas de unidades astronómicas do Sol, e pensa-se que têm uma composição cometária. Esta zona trans-Neptuniana funde-se provavelmente sob a forma de um disco trans-Neptuniano alargado no núcleo interno da nuvem cometária de Oort. De facto, os objectos trans-Neptunianos são considerados como uma possível fonte significativa de cometas da "família de Júpiter" de baixa inclinação.

Um estudo de 1997 sobre desenhos astronómicos históricos sugeriu que o astrónomo Cassini pode ter registado uma cicatriz de impacto em 1690. O estudo examinou outras oito observações e obteve poucas ou nenhumas possibilidades de um impacto. Uma bola de fogo foi fotografada pela Voyager 1 no decurso do seu encontro com Júpiter em março de 1979. Durante o período de 16 de julho de 1994 a 22 de julho de 1994, mais de 20 fragmentos do cometa Shoemaker-Levy 9 (SL9, formalmente designado D/1993 F2) colidiram com o hemisfério sul de Júpiter. Foi a primeira observação direta de uma colisão entre dois objectos do Sistema Solar. Este impacto forneceu informações úteis sobre a composição da atmosfera de Júpiter. A procura de periodicidades nos dados das crateras tem sido objeto de grande interesse em vários estudos, depois de ter sido relatada pela primeira vez por Seyfert & Sirkin. O problema tornou-se discutível após os estudos de Alvarez & Muller e Rampino & Stothers. Tem havido muita controvérsia relativamente às periodicidades encontradas nos indicadores geológicos. Napier estudou vários conjuntos de dados terrestres e concluiu com grande confiança que os resultados indicam claramente a existência de uma periodicidade. Sublinhou ainda a provável ligação galáctica entre os impactos terrestres e a dinâmica cometária. Os dados de crateras permitem obter diferentes periodicidades, dependendo da forma como os pontos de dados são escolhidos. Normalmente, são escolhidas crateras maiores do que um determinado tamanho e com pequenos erros de datação e, em seguida, são aplicados diferentes métodos para encontrar periodicidades.

## 5.2 Descobertas de Júpiter através da New Horizons

**Figura 5.1** Júpiter visto através de uma câmara de infravermelhos que identifica vulcões em Io

A sonda LORRI (Long Range Reconnaissance Imager) da New Horizons conseguiu tirar as primeiras fotografias de Júpiter a 4 de setembro de 2006. A nave espacial começou a investigar o sistema joviano em dezembro de 2006. Enquanto esteve em

Júpiter, os instrumentos da New Horizons fizeram determinações refinadas das órbitas das luas interiores de Júpiter, especialmente Amalteia. As câmaras da sonda descobriram vulcões em Io e estudaram em pormenor as quatro luas galileanas. Também efectuou estudos a longa distância das luas exteriores Himalia e Elara. As imagens do sistema joviano começaram a 4 de setembro de 2006. A nave também observou a Pequena Mancha Vermelha de Júpiter, a magnetosfera e o ténue sistema de anéis do planeta. A Figura 5.1 mostra Júpiter através da câmara de infravermelhos. A New Horizons também permitiu a primeira observação de perto da Oval BA, uma tempestade que se tornou informalmente conhecida como a "Pequena Mancha Vermelha", devido ao aspeto vermelho da tempestade. Era ainda uma mancha branca quando a nave espacial Cassini passou por ela. Apresentámos na Figura 5.2 (a) a vista melhorada da "Pequena Mancha Vermelha" de Júpiter pela sonda espacial New Horizons, enquanto a Figura 5.2 (b) mostra a imagem da New Horizon da Himalia de Júpiter.

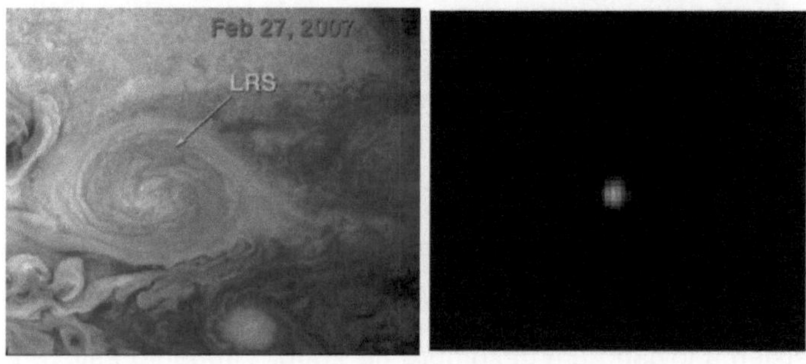

Figura 5.2 (a) Vista melhorada da "Pequena Mancha Vermelha" de Júpiter pela sonda espacial New Horizons; (b) Imagem da New Horizon da Himalia de Júpiter

## 5.3 Caraterísticas atmosféricas e formação de ciclones

Diferentes gases têm diferentes temperaturas de condensação. Os compostos de hidrogénio condensam a temperaturas inferiores a 150K, enquanto a condensação das rochas ocorre a temperaturas entre 500-1300K e a dos metais entre 1000-1600K. A linha de gelo é a distância na nebulosa solar a partir da protoestrela onde os gelos, como os compostos de hidrogénio, podem condensar, enquanto que apenas os metais e as rochas podem condensar dentro desta linha. Os planetas jovianos formam-se através de um mecanismo chamado acreção. De facto, a acreção é o processo em que partículas sólidas microscópicas são condensadas e transformadas em planetas. Estas partículas microscópicas estão unidas por forças electrostáticas e não por atração gravitacional, porque são muito pequenas. Mas à medida que a sua massa aumenta, as suas forças gravitacionais aumentam e acabam por acelerar o seu crescimento.

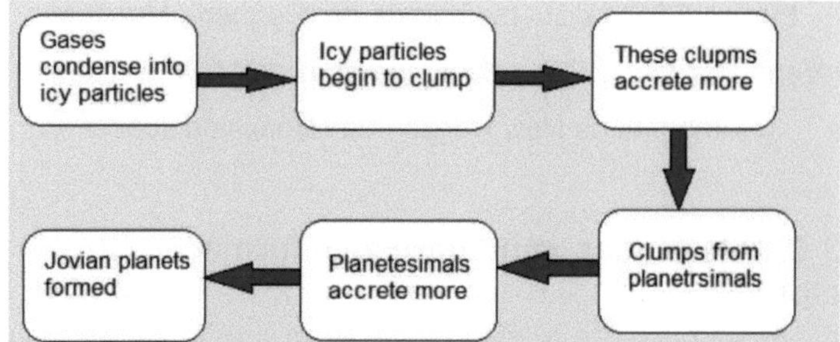



**Figura 5.3** O diagrama de blocos da formação dos planetas Jovianos

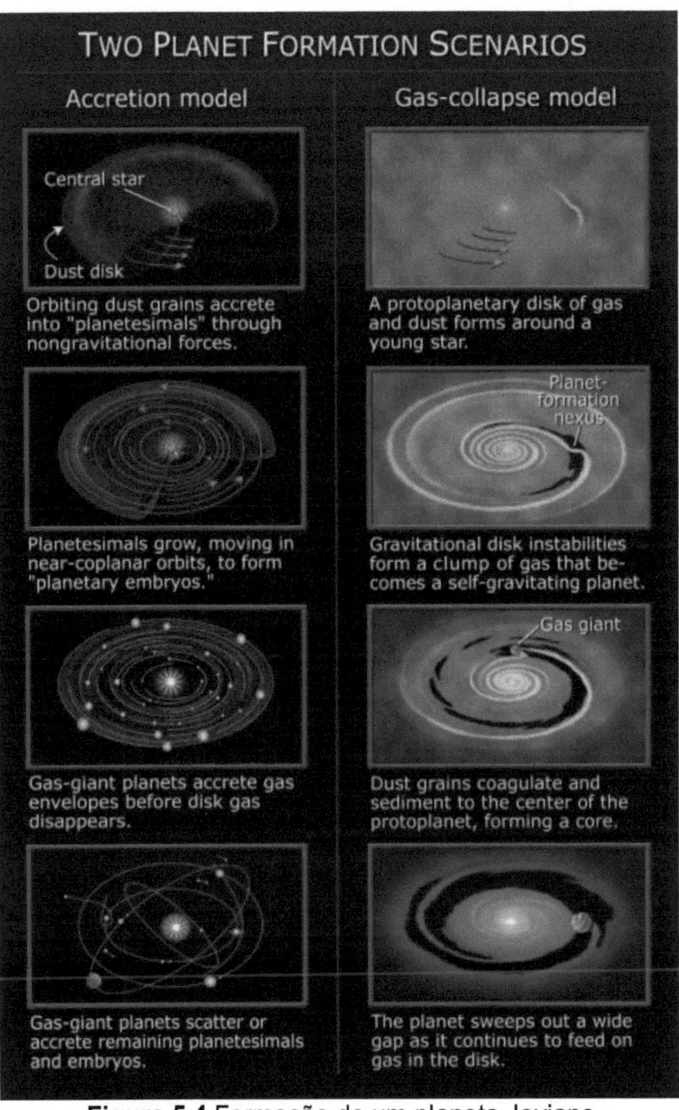


**Figura 5.4** Formação de um planeta Joviano

217

As formações dos planetas Jovianos são criadas para além da linha de gelo, causando a disponibilidade de gelo para os criar. A formação de Júpiter, incluindo outros mundos jovianos, começou com o acúmulo de poeira coberta de gelo na nebulosa solar externa e fria. A Figura 5.3 mostra o diagrama de blocos da formação dos planetas jovianos. A figura mostra claramente como os gases se condensam em partículas geladas e finalmente se formam em planetas Jovianos, depois de passarem por diferentes etapas. A fotografia 5.4 revela de forma interessante a formação de um planeta Joviano, que é essencialmente formado através de quatro etapas diferentes, como indicado na figura.

Devido à gravidade, os elementos mais pesados afundam-se no núcleo do protoJúpiter e, por isso, espera-se que a região do núcleo seja rochosa e que os elementos mais leves (H e He) permaneçam na atmosfera. O exterior de Júpiter é determinado pelas suas zonas latitudinais de cores vivas. Devido à rotação diferencial, as zonas equatoriais e as cinturas rodam mais depressa do que as latitudes mais elevadas e os pólos. Na Figura 5.5 mostrámos as diferentes regiões de Júpiter, incluindo a sua grande mancha vermelha. A estrutura em faixas da atmosfera de Júpiter consiste numa série de zonas de cor mais clara e cinturas mais escuras que atravessam o planeta. A intensidade e a latitude de ambas as zonas e cinturas variam durante o ano, mas o padrão geral está sempre presente. Estas variações provocam movimentos convectivos na atmosfera do planeta. As zonas situam-se acima das correntes convectivas ascendentes na atmosfera de Júpiter, enquanto os cinturões são a parte descendente do ciclo, como reproduzido na Figura 5.6.

**Figura 5.5** As diferentes regiões de Júpiter, incluindo a sua grande mancha vermelha

A corrente divide-se em elementos individuais, conhecidos como remoinhos, que são responsáveis pelo desenvolvimento de ciclones. Os ciclones desenvolvem-se basicamente devido ao efeito Coriolis, em que as latitudes mais baixas viajam mais depressa do que as latitudes mais altas, produzindo assim uma rotação líquida numa zona de pressão. Em Júpiter, os ciclones são regiões de alta ou baixa pressão local giradas desta forma.

A direção da rotação difere nos dois hemisférios, sendo a rotação no sentido dos ponteiros do relógio no Norte e a rotação no sentido contrário ao dos ponteiros do relógio no Sul. No Norte, as ovais castanhas são ciclones/tempestades de baixa pressão, enquanto no Sul as ovais brancas são ciclones/tempestades de alta pressão. Ambos podem durar cerca de dezenas de anos. A conhecida Grande Mancha Vermelha é uma grande tempestade de alta pressão que durou mais de 600 anos.

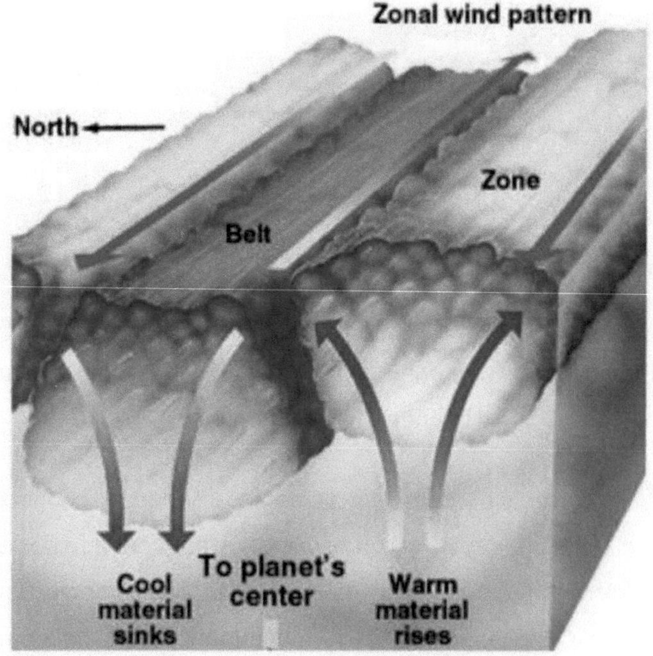


**Figura 5.6** Padrão de convecção de Júpiter mostrando o "afundamento de material frio" e a subida de material quente

em ambos os lados do centro do planeta

O princípio da formação de ciclones no hemisfério norte e no hemisfério sul é apresentado na Figura 5.7. Na formação de tempestades na Terra, a energia para a sua formação provém da luz solar. Mas Júpiter, estando demasiado longe do Sol, recebe muito pouca energia. A energia necessária para alimentar toda a turbulência na atmosfera de Júpiter é produzida pelo calor libertado pelo núcleo do planeta. De facto, Júpiter tem um núcleo sólido muito pequeno devido à sua forma muito achatada e também porque tem uma taxa de rotação muito elevada. A diferença na

A diferença de aparência entre zonas e cinturões deve-se às diferenças na opacidade das nuvens. A concentração de amoníaco é mais elevada nas zonas, o que é responsável pelo aparecimento de nuvens mais densas de gelo de amoníaco a altitudes mais elevadas. Isto, por sua vez, leva à sua cor mais clara. Pelo contrário, nos cinturões, as nuvens são mais finas e situam-se a altitudes mais baixas. A troposfera superior é mais fria nas zonas e mais quente nos cinturões. A origem da estrutura em faixas de Júpiter ainda não é bem conhecida, embora possa ser semelhante à das células de Hadley da Terra. A interpretação mais simples é que o ar enriquecido em amoníaco se eleva nas zonas. Devido à expansão e arrefecimento, forma nuvens altas e densas. A Cintura Equatorial Norte (NEB) é uma das cinturas mais activas do planeta, caracterizada por ovais brancas anticiclónicas e "barcaças" ciclónicas. Esta é alternadamente designada por "ovais castanhas".

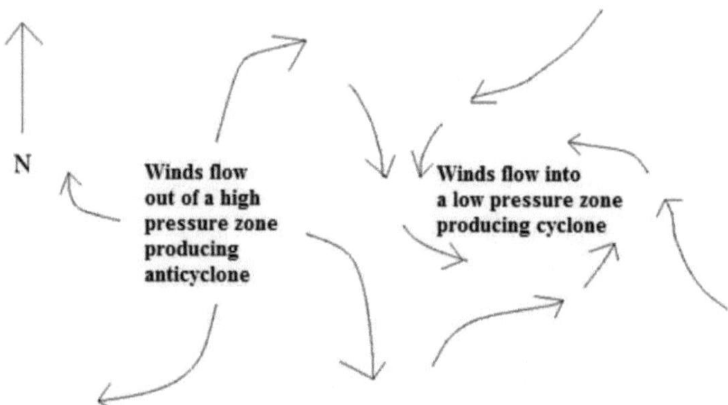


**Figura 5.7** Princípio da formação de ciclones e anticiclones, respetivamente no hemisfério norte e no hemisfério sul

## 5.4 A Grande Mancha Vermelha e a Tempestade Vermelha

A Grande Mancha Vermelha (GRS) é uma tempestade anticiclone situada a 22° a sul do equador de Júpiter; as observações da Terra estabelecem um tempo de vida mínimo da tempestade de 183 a 348 anos. A tempestade é suficientemente grande e observável através de telescópios terrestres. A mancha atual tem sido observada continuamente desde 1878. Uma imagem de infravermelhos da GRS obtida pelo Very Large Telescope, em terra, é mostrada na Figura 5.8(a), enquanto a imagem de comprimento de onda visível da tempestade vermelha, observada no hemisfério sul de Júpiter, é

222

mostrada na Figura 5.8(b).

(a)

(b)

**Figura 5.8** (a) Imagens de comprimento de onda infravermelho da Grande Mancha Vermelha e (b) imagens de comprimento de onda visível da Tempestade Vermelha

O GRS gira no sentido anti-horário com um período de cerca de seis dias terrestres. A mancha é suficientemente grande para conter dois ou três planetas do tamanho da Terra. Dados de infravermelhos indicaram que a Grande Mancha Vermelha é mais fria e mais alta em altitude em comparação com a maioria das outras nuvens do planeta. Os topos das nuvens da GRS estão quase 8 km acima das nuvens circundantes e está espacialmente confinada por uma modesta corrente de jato a leste, a sul, e uma muito forte a oeste, a norte. Em 2010, os astrónomos captaram imagens do GRS no infravermelho distante e observaram que a sua região central, a mais avermelhada, é mais quente do que a circundante em cerca de 3 a 4 K. A massa de ar quente está situada na troposfera superior, na gama de pressões de 200-500 mbar, e o ponto central quente gira lentamente em contra-rotação, causando uma fraca subsidência de ar no centro do GRS. As observações mostram que a cor mais vermelha da Grande Mancha Vermelha corresponde a um núcleo quente dentro do sistema de tempestade comparativamente frio. As imagens revelam faixas escuras no limite da tempestade, onde os gases estão a descer para as regiões mais profundas do planeta. Estes tipos de dados dão uma ideia dos padrões de circulação no sistema de tempestades mais conhecido do Sistema Solar. A cor avermelhada da Grande Mancha Vermelha ainda não foi determinada corretamente, mas presume-se, em geral, que a cor se deve a moléculas orgânicas complexas, fósforo vermelho e compostos de enxofre. A Grande Mancha Vermelha (GRS) varia muito em tonalidade, de quase vermelho-tijolo a salmão pálido, ou mesmo branco. A região central, mais avermelhada, é mais quente do que as circundantes, o que indica que a cor da Mancha é afetada por factores ambientais.

A tempestade vermelha no hemisfério sul de Júpiter,

oficialmente designada por Oval BA, tem uma forma semelhante à da Grande Mancha Vermelha e é por isso carinhosamente designada por "A Pequena Mancha Vermelha" ou "Mancha Vermelha Jr." ou simplesmente "Vermelha Jr.". A formação de três tempestades ovais brancas que posteriormente se fundiram na Oval BA pode ser rastreada até 1939, quando a Zona Temperada do Sul foi alugada por caraterísticas escuras. Isto efetivamente dividiu a zona em três longas secções que foram rotuladas pelo observador Joviano Elmer J. Reese como as secções escuras AB, CD e EF. As fendas expandiram-se para as ovais brancas FA, BC e DE, das quais as ovais BC e DE se fundiram em 1998, formando a oval BE. Além disso, BE e FA fundiram-se formando a oval BA. A Figura 5.9 revela a formação da Oval BA a partir de três ovais brancas. Esta caraterística na Cintura Temperada do Sul foi encontrada pela primeira vez em 2000, após a colisão de três pequenas tempestades brancas que se intensificaram desde então.

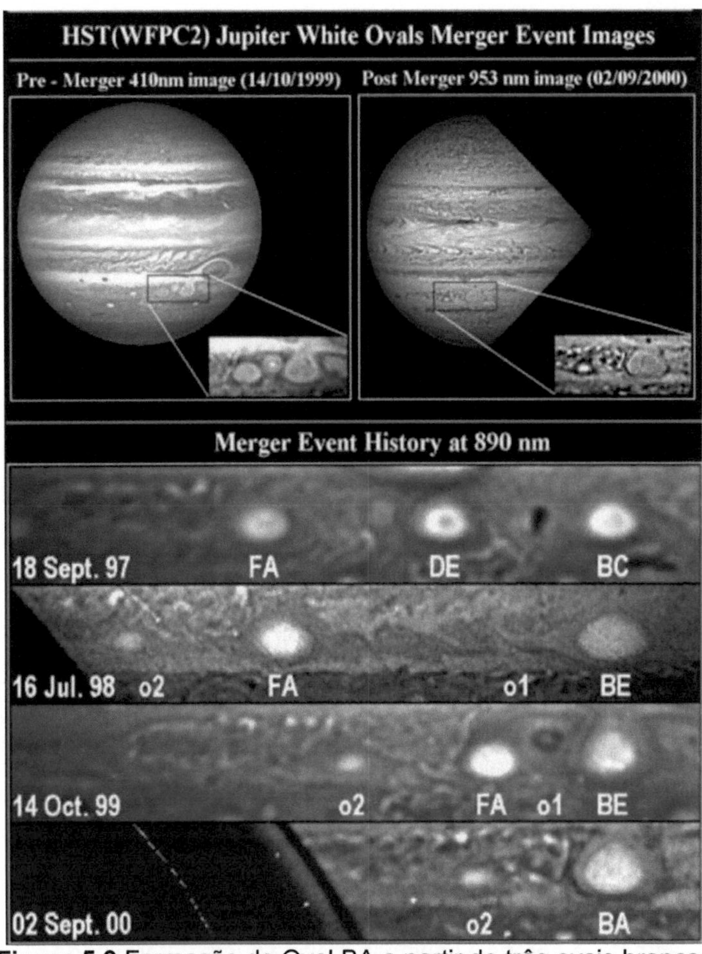


**Figura 5.9** Formação da Oval BA a partir de três ovais brancas

## 5.5 Tempestades e relâmpagos

As tempestades registadas em Júpiter são muito semelhantes às tempestades na Terra. Aparecem através de nuvens brilhantes com cerca de 1000 km de tamanho. Aparecem de vez em quando nas regiões ciclónicas dos cinturões, particularmente nos fortes jactos de oeste (retrógrados). Ao contrário dos vórtices, estas tempestades são fenómenos de curta duração, podendo a mais forte existir durante vários meses. No entanto, a sua duração média é de apenas 3-4 dias. Pensa-se que estas tempestades se devem à convecção húmida na troposfera de Júpiter. As tempestades encontram-se em altas colunas convectivas (plumas). Estas transportam ar húmido das profundezas para a parte superior da troposfera, onde se condensa em nuvens. Um valor típico da extensão vertical das tempestades jovianas é de cerca de 100 km. Estendem-se desde um nível de pressão de cerca de 5-7 bar, onde se encontra a base de uma hipotética camada de nuvens de água, até 0,2-0,5 bar. As tempestades em Júpiter estão sempre associadas a relâmpagos. As imagens do hemisfério noturno de Júpiter, obtidas pelas naves espaciais Galileu e Cassini, revelaram relâmpagos regulares nas cinturas jovianas e perto das localizações dos jactos de oeste. Isto é particularmente verdade nas latitudes 51°N, 56°S e 14°S. Em Júpiter, os raios luminosos são, em média, algumas vezes mais potentes do que os da Terra, embora sejam menos frequentes. No entanto, a potência luminosa emitida numa determinada área é semelhante à da Terra. Foram identificados alguns relâmpagos nas regiões polares, o que faz de Júpiter o segundo planeta depois da Terra a registar relâmpagos polares. A figura 5.10 mostra relâmpagos no lado noturno de Júpiter, fotografados pelo orbitador Galileu em 1997. As tempestades ocorreram cerca de 50 a 75 quilómetros abaixo da camada exterior de nuvens, com relâmpagos centenas de vezes mais poderosos do que os da Terra. Cada coluna mostra uma tempestade diferente. As imagens foram obtidas com exposições de 90 segundos, com um intervalo de dois minutos entre elas.

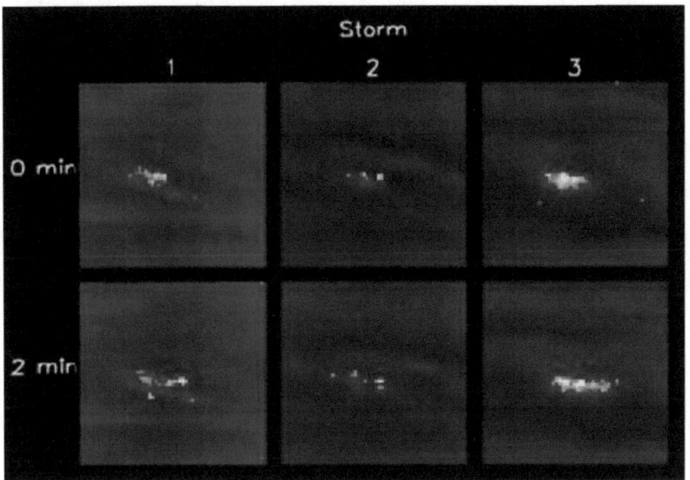


**Figura 5.10** Relâmpagos no lado noturno de Júpiter, fotografados pelo orbitador Galileu em 1997

## 5.6 Encontro entre a Grande Mancha Vermelha, a Oval BA e a "Mancha Vermelha Bebé"

Uma caraterística interessante na Cintura Temperada do Sul, Oval BA, foi vista pela primeira vez em 2000 após a colisão de três pequenas tempestades brancas e tem vindo a aumentar desde então. Em agosto de 2005, a Oval BA começou lentamente a ficar vermelha. Christopher Go descobriu a mudança de cor em fevereiro de 2006 e verificou que tinha atingido a mesma tonalidade que a Grande Mancha Vermelha. Com base neste facto, o escritor Phillips da NASA sugeriu que se chamasse "Red Spot Jr." ou "Red Jr.". Uma equipa de astrónomos, em abril de 2006, pensou que a Oval BA poderia convergir com a GRS nesse ano, ao observar as tempestades através do Telescópio Espacial Hubble. As tempestades passam umas pelas outras de dois em dois anos, mas as suas passagens em 2002 e 2004 não produziram quaisquer novas descobertas. Simon-Miller, do Centro de Voos Espaciais Goddard, previu que as tempestades teriam a sua passagem mais próxima em 2006 e, de facto, as duas tempestades foram fotografadas em 20 de julho de 2006, quando passavam uma pela outra pelo Observatório Gemini sem convergirem. A Oval BA está a ficar gradualmente mais forte, de acordo com as descobertas feitas pelo Telescópio Espacial Hubble em 2007. Além disso, as velocidades do vento atingiram 618 km h-1, o que é quase o mesmo que na Grande Mancha Vermelha. Na realidade, isto é muito mais forte do que qualquer uma das tempestades progenitoras. Em julho de 2008, o seu tamanho era aproximadamente o diâmetro da Terra: quase metade do tamanho da Grande Mancha Vermelha. A Pequena Mancha Vermelha Tropical Sul (LRS) é apelidada de "Baby Red Spot" pela NASA. Esta popularmente chamada Mancha Vermelha Bebé encontrou a GRS no final de junho e início de julho de 2008. No decurso de uma colisão, a mancha vermelha mais pequena foi desfeita em pedaços. Os restos da Mancha Vermelha Bebé orbitaram primeiro e foram consumidos pelo GRS. O último dos remanescentes, de cor avermelhada, foi identificado pelos astrónomos, mas desapareceu em meados de julho. Os restantes pedaços continuaram a colidir com a GRS, que finalmente se fundiu com a tempestade maior. O resto dos pedaços da Mancha Vermelha Bebé desapareceram completamente em agosto de 2008. Durante este período de encontro, a Oval BA esteve presente nas proximidades mas não desempenhou qualquer papel significativo na destruição da Mancha Vermelha Bebé. A Figura 5.11 revela um encontro que ocorreu durante um curto período em junho de 2008 entre a Oval BA, a Grande Mancha Vermelha e a "Baby Red Spot". As três imagens de Júpiter em cores naturais mostradas na figura foram feitas a partir de dados adquiridos em 15 de maio, 28 de junho e 8 de julho de 2008 pela Wide Field Planetary Camera 2 (WFPC2). Cada uma das imagens cobre 58 graus de latitude joviana e 70 graus de longitude.

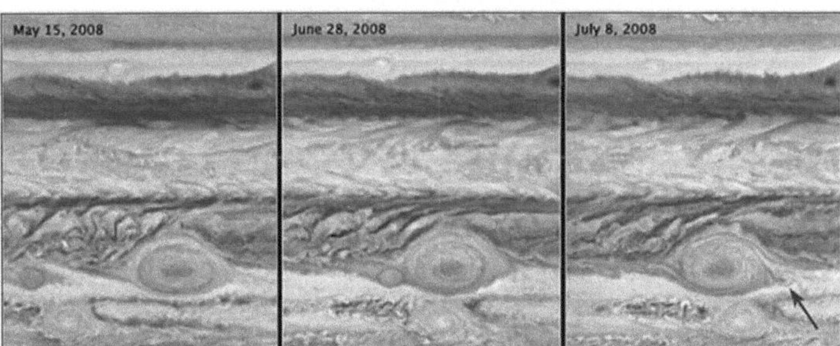


**Figura 5.11** Oval BA (em baixo), Grande Mancha Vermelha (em cima) e "Baby Red Spot" (no meio) durante um breve

encontro em 15 de maio, 28 de junho e 8 de julho de 2008; a seta na imagem da direita indica que a baby red spot estava deformada (cor pálida) e foi rodada para a direita da GRS

As séries temporais marcadas na figura revelam a passagem da "Mancha Vermelha Jr." numa faixa de nuvens abaixo da Grande Mancha Vermelha. A Oval BA ou a chamada "Mancha Vermelha Jr." apareceu pela primeira vez em Júpiter no início de 2006, quando uma tempestade anteriormente branca foi convertida para a aparência de vermelho. Mas isto não foi verdade para a "mancha vermelha bebé" que apareceu na mesma faixa latitudinal que a GRS. Com o passar do tempo, a mancha vermelha bebé aproximou-se da GRS, como é evidente na sequência de imagens, até ser apanhada pela rotação anticiclónica da GRS. A partir da imagem final registada em 8 de julho de 2008, parece que a mancha vermelha bebé foi deformada com uma cor pálida e foi rodada para a direita da GRS.

## 5.7 Discussões e conclusões

A razão pela qual a Oval BA ficou vermelha ainda não é claramente compreendida. De acordo com uma investigação de 2008 de Pérez-Hoyos, o mecanismo mais provável pode ser uma difusão para cima e para dentro de um composto colorido ou de um vapor de revestimento que pode interagir subsequentemente com fotões solares de alta energia nos níveis superiores da Oval BA. Outros acreditam que as pequenas tempestades e as suas manchas brancas associadas em Júpiter se tornam vermelhas quando os ventos se tornam suficientemente fortes para extrair certos gases das profundezas da atmosfera, causando uma mudança de cor quando esses gases são expostos à luz solar. Deve ser mencionado que a Oval BA não deve ser confundida com a Pequena Mancha Vermelha Tropical Sul (LRS), outra grande tempestade em Júpiter. Curiosamente, a nova tempestade, anteriormente uma mancha branca nas imagens do Hubble, tornou-se vermelha em maio de 2008, o que foi claramente analisado e constatado que as suas caraterísticas são diferentes da Oval BA.

Tem havido várias explicações astronómicas para a alteração do fluxo de cometas para o interior do Sistema Solar. Assume-se que a oscilação do Sol em torno do plano médio galáctico e as perturbações dos cometas da Nuvem de Oort interior por grandes nuvens moleculares durante a travessia do plano são principalmente causadas pela periodicidade. No entanto, Thaddeus & Chanan salientaram que as nuvens moleculares não podem produzir chuvas de cometas com a intensidade necessária nas escalas temporais de interesse. De acordo com Bailey, Wilkinson & Wolfendale, o sistema de nuvens moleculares deve ser muito plano para produzir chuvas intensas de cometas, mas a realidade da finura é altamente controversa. De acordo com outra opinião, a nuvem de Oort interior é uma companheira solar distante numa órbita excêntrica que produz chuvas de cometas em todas as revoluções. No entanto, num estudo posterior, Matese, Whitman & Whitmire mostraram a existência de uma massa perturbada de anã castanha na parte exterior da nuvem de Oort que perturbaria apenas uma pequena fração dos cometas na nuvem de Oort e actuaria em conjunto com a maré galáctica. É aceite, em geral, que a força de maré galáctica é responsável em 90% pela chegada de cometas da clássica Nuvem de Oort à região planetária, com contribuições de outras perturbações como estrelas que passam e nuvens moleculares. Estas variam principalmente o momento angular dos cometas da nuvem de Oort. Uma explicação simples para as periodicidades nos impactos dos cometas é que resultam de variações periódicas no fluxo de "novos" cometas que entram no sistema solar interior como resultado da influência das marés galácticas. Com base no estudo de Matese et al. podemos sugerir que as mudanças periódicas no fluxo de "novos" cometas podem ser reais, mas ainda é discutível. O nosso principal interesse é a taxa de impacto na Terra e fazer algumas comparações com as taxas de impacto em planetas gigantes, particularmente em Júpiter, que tem sido chamado o aspirador do sistema solar, devido à sua imensa gravidade e localização perto do sistema solar interior. Recebe os impactos de cometas mais frequentes dos planetas do Sistema Solar.

## *Referências*

1. A. B. Bhattacharya e Raha, B., 2013, Inflation of the Observed Universe as a Function of Time, International Journal of Application or Innovation in Engineering & Management, 2, 22-28.

2. Júpiter Ahoy!, Pluto.jhuapl.edu. Recuperado em 27 de outubro de 2008.

3. A. Alexander, 2006, New Horizons Snaps First Picture of Jupiter, The Planetary Society.

4. M. Blanc, R. Kallenbach e N.V. Erkaev, 2005, Solar System magnetospheres, Space Science Reviews, 116, 227-298.

5. P. Mali, K. K. Singh, A. B. Bhattacharya e R. Singh, 2007, Studies of severe thunderstorm characteristics in Chhota Nagpur region of India using GCM outputs and its association with radar reflactivity, Journal of Meteorology, 32, 183-192.

6. R. Bhattacharya, R. Das, R. Guha, S. De e A. B. Bhattacharya, 2009, Some aspects of acoustic and electromagnetic radiations during pre-monsoon lightning, Journal of Meteorology, 34, 255-263.

7. A.P. Ingersoll, T.E. Dowling, P.J. Gierasch, G. S. Orton, P. L. Read, A. S\ Lavega, A. P. Showman, A. A. Simon-Miller e A.

R. Vasavada, 2004, Dynamics of Jupiter's Atmosphere,

Cambridge: Cambridge University Press.

8. A.R. Vasavada e A. Showman, 2005, Jovian atmospheric dynamics: An update after Galileo and Cassini, Reports on Progress in Physics, 68, 1935-1996.

9. Pessoal, 2007, Folha de Dados de Júpiter - SPACE.com, Imaginova.

10. Anónimo, 2000, O Sistema Solar - O Planeta Júpiter - A Grande Mancha Vermelha. Departamento de Física e Astronomia - Universidade do Tennessee.

11. http://www.britannica.com/EBchecked/topic

12. B.A. Smith, L.A. Soderblom, T.V. Johnson, et al., 1979, The Jupiter system through the eyes of Voyager 1, Science, 204, 951-972.

13. J.H. Rogers, 1995, The Giant Planet Jupiter, Cambridge: Cambridge University Press.

14. R. Beebe, 1997, Jupiter the Giant Planet (2ª ed.), Washington: Smithsonian Books.

15. L. N. Fletcher, G.S. Orton, O. Mousis, et. al., 2010, Thermal structure and composition of Jupiter's Great Red Spot from high-resolution thermal imaging, Icarus, 208, 306-328.

16. E.J. Reese e H.G. Solberg, 1966, Recent measures of the latitude and longitude of Jupiter's red spot, Icarus, 5, 266273.

17. A. Sanchez-Lavega, G.S. Orton, R. Morales, et al., 2001, The Merger of Two Giant Anticyclones in the

Atmosphere of Jupiter, Icarus, 149, 491-495.

18.	K. H. Baines, A. A. Simon-Miller, G. S. Orton, H. A. Weaver, A. Lunsford, T. W. Momary, J. Spencer, A.F. Cheng, et al., 2007, Polar Lightning and Decadal-Scale Cloud Variability on Jupiter, Science, 318, 226-229.

19.	C.Y. Go, W. de Pater, M. Lockwood, S. Asay-Davis, I. de Pater, M. Wong, et al., 2006, Evolution of the Oval BA During 2004-2005, Bulletin of the American Astronomical Society, 38, 495.

20.	T. Phillips, 2006, Jupiter's New Red Spot, NASA.

21.	T. Phillips, 2006, Huge Storms Converge (Tempestades Enormes Convergem), Science@NASA.

22.	P. Michaud, 2006, Gemini Captures Close Encounter of Jupiter's Red Spots, Gemini Observatory.

23.	M. Buckley, 2008, Storm Winds Blow in Jupiter's Little Red Spot, Johns Hopkins Applied Physics Laboratory.

24.	B. Steigerwald, 2006, Jupiter's Little Red Spot Growing Stronger, Centro Espacial Goddard da NASA.

25.	Diffusion Caused Jupiter's Red Spot Junior To Colour Up, ScienceDaily, 26 de setembro de 2008.

26.	J. H. Rogers, 2008, The collision of the Little Red Spot and Great Red Spot: Parte 2, British Astronomical Association.

27.	H. Fountain, 2008, On Jupiter, a Battle of the Red Spots, With the Baby Losing, The New York Times.

28.     D. Shiga, 2008, Third red spot erupts on Jupiter, New Scientist.

29.     A. B. Bhattacharya e B. Raha, 2014, Formação de Ciclone e Anticiclone em Júpiter: A Battle of Great Red Spot and Red Storm, Journal of Physics and Astronomy, 3, 70-77.

30.     R. Wainscoat e M. Micheli, 2011, Cometa C/2011 L4 (PANSTARRS), IAUC, 9215.

31.     D. J. Asher, M. E. Bailey, G. Hahn e D. I. Steel, 1994, Asteroid 5335 Damocles and its Implications for Cometary Dynamics, MNRAS, 267, 26.

32.     T. Quinn, S. Tremaine e M. Duncan, 1990, Planetary perturbations and the origin of short period comets, APJ, 355, 667-679.

33.     I. Tabe, J. Watanabe, M. Jimbo e J. Watanabe, 1997, Discovery of a Possible Impact SPOT on Jupiter Recorded in 1690, Publications of the Astronomical Society of Japan, 49, L1-L5.

34.     F. Marchis, 2012, Outra bola de fogo em Júpiter? Blogue Diário Cósmico.

35.     R. Baalke, 2007, Comet Shoemaker-Levy Collision with Jupiter, NASA.

36.     R. R. Britt, 1979, Remnants of 1994 Comet Impact Leave Puzzle at Jupiter, space.com.

37.     C. K. Seyfert e L. A. Sirkin, 1979, Earth History and Plate Tectonics, Harper Row, Nova Iorque.

38.	W. Alvarez e R. A. Muller, 1984, Evidence from crater ages for periodic impacts on the Earth, Nature, 308, 718-720.

39.	M. R. Rampino e R. B. Stothers, 1984, Terrestrial mass extinctions, Cometary impacts and the Sun's motion perpendicular to the galactic plane, Nature, 308, 709-712.

40.	E. M. Shoemaker e R. F. Wolfe, em Smoluchowski, R., Bahcall J. N., Matthews M. S., eds, 1986, The galaxy and the Solar system, University of Arizona Press, Tucson, 338.

41.	S. Yabushita, 1992, Periodicidade na taxa de formação de crateras e implicações para a modelação astronómica, Celest. Mech., 54, 161.

42.	S. Yabushita, 1992, Periodicity and decay of craters over the past 600 Myr, Earth, Moon and Planets, 58, 57.

43.	L. Jetsu, 1997, The "human" statistics of terrestrial impact cratering rate?, A&A, 321, L33.

44.	L. Jetsu e J. Pelt, 2000, Spurious periods in the terrestrial impact crater record, A&A, 353, 409.

45.	D. M. Raup e J. J. Sepkoski, Jr., 1984, Periodicity of extinctions in the geologic past, Proc. Natl. Ac. Sc., 81, 801805.

46.	W. M. Napier, 1998, NEOs e impactos: The galactic connection, Cel. Mech. Dyn. Astron, 69, 59-75.

47.	S. Yabushita, 1997, Um teste estatístico de correlações e periodicidades nos registos geológicos,

Celest. Mech., 69, 31.

48.      M. Duncan, T. Quinn e S. Tremaine, 1988, The origin of short- period comets, ApJ, 328, L69.

49.      T. Nakamura and H. Kurahashi, 1998, Collisional Probability of Periodic Comets with the Terrestrial Planets: Um caso inválido de formulação analítica, AJ, 115, 848.

50.      H. F. Levison, 1996, em Rettig, T.W. e Hahn, J.M., eds,

, ASP Conf. Ser., 107, Completing the Inventory of the Solar system, Astron. Soc. Pac., São Francisco, 173.

51.      J. Crovisier, 2001, em Murdin, P., ed., Encyclopedia of Astronomy and Astrophysics, IOP Publishing, Bristol/Natureza, 446.

52.      J.A. Fern'andez, 1985, Dynamical capture and physical decay of short-period comets, Icarus, 64, 308.

53.      J. A. Fern'andez, 1994, em Milani, A., Di Martino, M., Cellino, A., eds, Asteroids Comets Meteors 1993, Proc. IAU Symp., 160.

54.      B.G. Marsden, 1999, Catalogue of Cometary Orbits 1999, Minor Planet Circ., 35155.

55.      D. W. E. Green, 2000, Relatório da Secção Aurora, Int. Comet Quarterly, 22, 2.

56.      B. G. Marsden e G. V. Williams, 1999, Catalogue of Cometary Orbits 1999, Minor Planet Center, Cambridge, MA.

57.      J. A. Fern'andez, 1980, On the existence of a comet

belt beyond Neptune, MNRAS, 192, 481.

58.    J. A. Fern'andez e T. Gallardo, 1994, The transfer of comets from parabolic orbits to short-period. orbits: numerical studies, A&A, 281, 911-922.

59.    F. L. Whipple, 1978, Cometary brightness variation and nucleus structure, Earth, Moon Planets, 18, 343-359.

60.    E. Everhart, 1972, The origin of short-period comets, Astrophys. Lett., 10, 131-135.

61.    E. Everhart, 1973, Examination of several ideas of comet origins, AJ, 78, 329-377.

62.    H. Rickman e Cl. Froeschl'e, 1988, Cometary dynamics, Cel. Mech., 43, 243-253.

63.    C. R. Stagg e M. E. Bailey, 1989, Monte Carlo Simulations of Comet Capture from the Oort Cloud, MNRAS, 241, 507.

64.    G. W. Wetherill, 1991, em Newburn, R.L. Jr, Neugebauer, M. e Rahe, J., eds, Comets in the Post-Halley Era, Proc. IAU Coll., 1, 537.

65.    Horizons output, Barycentric Osculating Orbital Elements for Comet C/2011 L4 (PANSTARRS), Recuperado em 2012-07-17.

66.    Navegador da base de dados de pequenos corpos do JPL: C/2011 L4 (PANSTARRS), Laboratório de Propulsão a Jato, 2012-07-14 última obs (arco de dados=1,15 ano), Recuperado em 2012-06-12.

67.    I. Ferrín, 2005, Curva de luz secular do cometa

28P/Neujmin 1, e dos cometas alvos de naves espaciais, 1P/Halley, 9P/Tempel 1, 19P/Borrelly, 21P/Grigg-Skejellerup, 26P/Giacobinni-Zinner, 67P/Chruyumov-Gersimenko,

81P/Wild 2, Icarus, 178, 493-516.

68.	I. Ferrín, 2004, Atlas de curvas de luz seculares de cometas, PSS, 58, 365-391.

69.	R. A. Kerr, 2004, Did Jupiter and Saturn Team Up to Pummel the Inner Solar system?, Science, 306, 1676.

70.	M. Wolf, 1917, Eigenbewegungssterne, Astronomische Nachrichten (em alemão), 204, 345.

71.	Lista de Júpiteres Troianos, Centro de Planetas Menores da IAU, Recuperado em 2010-10-24.

72.	T. Quinn, S. Tremaine e M. Duncan, 1990, Planetary perturbations and the origins of short-period comets, Astrophysical Journal, Part 1, 355, 667-679.

73.	A. B. Bhattacharya, S. Joardar, R. Bhattacharya, A. Bhoumick, A. Nag, M. Debnath e D. Halder, 2010, Reception of Jovian radio signals in a tropical station, International Journal of Engineering Science and Technology, 2, 5704-5713.

74.	Staff, 2009, Amateur astronomer discovers Jupiter collision (Astrónomo amador descobre colisão de Júpiter), ABC News online.

75.	M. Salway, 2009, Breaking News: Possível impacto em Júpiter, captado por Anthony Wesley, IceInSpace,

IceInSpace News.

76. D. Overbye, 2009, Hubble Takes Snapshot of Jupiter's 'Black Eye', New York Times.

77. L. Grossman, 2009, Jupiter sports new 'bruise' from impact, New Scientist.

78. K. Beatty, 2010, Another Flash on Jupiter!, Sky & Telescope, Sky Publishing.

79. F. Marchis, 2012, Another fireball on Jupiter?, blogue Cosmic Diary.

80. G. Hall, 2012, George's Astrophotography, recuperado em 17 de setembro de 2012.

81. P. Nurmi, P M. J. Valtonen e J. Q. Zheng, 2001, Periodic variation of Oort Cloud flux and cometary impacts on the Earth and Jupiter, Mon. Not. R. Astron. Soc., 327, 13671376.

82. Observatório Tuorla, Universidade de Turku, 20500 Piikkio", Finlândia Aceite em 2001 julho 18. Recebido em 5 de julho de 2001; na forma original em 9 de abril de 2001.

83. S. V. M. Clube e W. M. Napier, 1984, Cepstrum Analysis of Terrestrial Impact Crater Records, MNRAS, 208, 575.

84. P. Thaddeus e G. A. Chanan, 1985, Cometary impacts, molecular clouds, and the motion of the sun perpendicular to the galactic plane, Nature, 314, 73-75.

85. M. E. Bailey, D. A. Wilkinson e A. W. Wolfendale, 1987, Mass extinction due to oscillation of Sun about the

mid-galactic plane, MNRAS, 227, 863.

86.	M. Davis, P. Hut e R. A. Muller, 1984, Extinction of species by periodic comet showers, Nature, 308, 715.

87.	D. P. Whitmire e A. A. Jackson, 1984, Evolution: Interpretations of mass extinction, Nature, 308, 713.

88.	J. J. Matese, P. G. Whitman e D. P. Whitmire, 1999, Evolution: Interpretations of mass extinction, Icarus, 141, 354.

89.	J. J. Matese e D. P. Whitmire, 1986, Planet X and the Origins of the Shower and Steady State Flux of Short Period Comets, Icarus, 65, 37.

90.	J. Byl, 1983, Galactic perturbations on nearly parabolic cometary orbits, The Moon and Planets, 29, 121-137.

91.	J. A. Ferna'ndez e W.-H. Ip, 1991, em Newburn, R. L. Jr., Neugebauer, M. e Rahe, J., eds, Comets in the PostHalley Era, 1, 487.

92.	J. J. Matese, P. G. Whitman, K. A. Innanen e M. J. Valtonen, Periodic Comet Flux by the Adiabatically Changing Galactic Tide, Icarus, 116, 255-268.

93.	R. A. Lovett, 2006, Stardust's Comet Clues Reveal Early Solar system, National Geographic News.

94.	T. Nakamura e H. Kurahashi, 1998, Collisional Probability of Periodic Comets with the Terrestrial Planets: Um caso inválido de formulação analítica, Astronomical Journal, 115, 848-854.

95.     B. Raha, J. Pandit, R. Bhattacharya, S. Biswas e A.
B. Bhattacharya, 2015, Variation of Oort Cloud flux and
cometary impacts on Jupiter and Earth, International
Journal of Advanced and Innovative Research, Em
publicação.

# Capítulo 6: Impactos de cometas em Júpiter e chuvas de meteoros

## 6.1 Classificação dos cometas

Os objectos classificados como cometas exibem a maior variedade de comportamentos dinâmicos no Sistema Solar. Mas não existe praticamente nenhum acordo quanto à definição exacta dos diferentes tipos de cometas. Historicamente, a principal divisão dos cometas tem sido entre os classificados como cometas de "longo período" (P > 200 anos) e os cometas "periódicos" ou de "curto período" (P < 200 anos). A maior parte do grupo de curto período pertence à chamada família de Júpiter e tem, de facto, períodos muito curtos, com um valor médio de cerca de 8 anos. Devido a este facto, os cometas periódicos são normalmente divididos, com base no período orbital, em duas classes:

(i) Cometas da família Júpiter com P < 20 anos e

(ii) Cometas de tipo Halley com 20 < P < 200 anos.

No entanto, desde 1999, os cometas de uma só aparição com períodos na gama de 30 < P < 200 anos têm recebido uma designação padrão de cometa "C/", em vez do habitual identificador periódico "P/". O intervalo recomendado para cometas de período curto estende-se assim a apenas 30 anos em vez do anterior limite de 200 anos. Os cometas com 30 < P < 200 anos são atualmente descritos como "período intermédio". As desvantagens desta alteração são que os cometas de período intermédio de uma só aparição não podem ser convenientemente identificados como periódicos apenas pela sua designação. A frase "período intermediário" tem sido usada para descrever objectos com períodos tanto na faixa de $20 < P < 200$ anos do tipo Halley. Mais uma vez, a situação torna-se por vezes mais confusa. Whipple preferiu escolher $P = 25$ anos para separar os seus cometas de período curto da 'Classe V' (geralmente, a família clássica de Júpiter) do seu grupo de período intermédio da Classe IV ($25 < P < 1000$ anos). Mas Everhart adotou 13 anos em vez de 20 anos como um limite conveniente entre cometas de período curto e de período intermediário. Ele definiu os cometas de período intermediário com períodos na faixa de $13 < P < 1000$ anos. Outros trabalhadores adoptaram, em vez disso, diferentes distâncias de afélio na gama de 8-10 au para separar os cometas da família Júpiter dos tipos Halley, enquanto alguns outros trabalhadores consideraram todos os cometas com $P < 1000$ anos como "periódicos". Ao contrário da opinião expressa por Fern'andez, uma classificação baseada apenas no período orbital não é muito importante. A variedade de definições usadas por diferentes observadores para descrever os mesmos subgrupos de cometas parece complicar em grande parte qualquer comparação de resultados observacionais ou teóricos obtidos por diferentes trabalhadores. Assim, há uma clara necessidade de melhorar a taxonomia para corpos semelhantes a cometas no Sistema Solar. Na Tabela 6.1 apresentamos a definição da classificação dos parâmetros de Tisserand, que é uma combinação de elementos orbitais usados num problema restrito de três corpos, em homenagem ao astrónomo francês Félix Tisserand. A fronteira perto das marcas T P $\leq$ 2,8 é o limite; acima do qual é impossível para um objeto ejetar-se diretamente num único encontro. A figura 6.1 mostra todos os cometas de curto período no plano do semi-eixo maior a e excentricidade e. Os cometas foram codificados por cores de acordo com o seu parâmetro de Tisserand em relação a Júpiter. Na figura, todos os objectos estão codificados por cores de acordo com as suas classes de parâmetros de Tisserand em relação a Júpiter. A maioria dos cometas encontra-se na categoria SP, à esquerda da linha q = 4.0 au. Os limites das categorias J, JS e JU estão também marcados à direita dessa linha.

| Tisserand class | Associated parameter |
| --- | --- |
| Class I | $T_p \leq 2.0$ |
| Class II | $2.0 \leq T_p \leq 2.5$ |
| Class III | $2.5 \leq T_p \leq 2.8$ |
| Class IV | $2.8 \leq T_p$ |

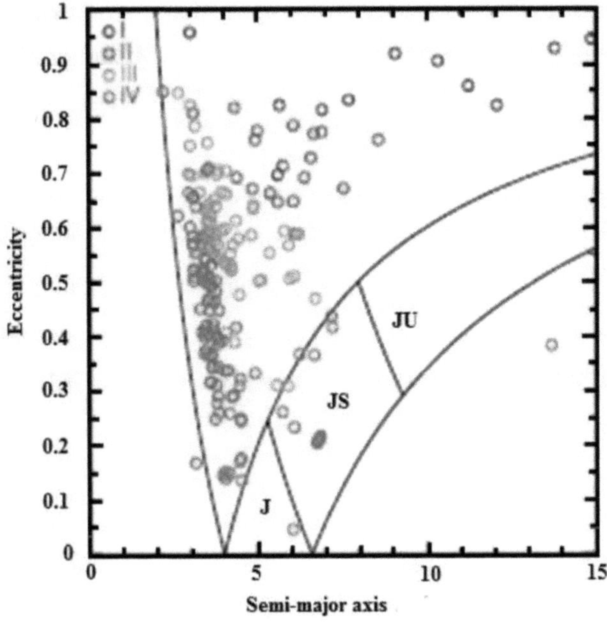


**Figura 6.1** Gráfico de excentricidade vs. semi-eixo maior para cometas de curto período

## 6.2 Cometa C2011 L4 PANSTARRS

Os cometas visíveis a olho nu são raros e podem ser vistos sem o auxílio de um telescópio uma vez em cada cinco a dez anos. O cometa 2011 L4 (PANSTARRS) tem o nome do telescópio que o descobriu. A palavra PANSTARRS vem de "Panoramic Survey Telescope and Rapid Response System" (Telescópio Panorâmico de Pesquisa e Sistema de Resposta Rápida), que se encontra no topo do vulcão Haleakala, no Havai. Desde a sua descoberta, há um ano e meio, o cometa observador PANSTARRS tem sido o domínio exclusivo dos cometas do Hemisfério Sul, mas isso mudou posteriormente. O cometa continua a sua passagem segura pelo sistema solar interior e apareceu no Hemisfério Norte. O cometa C/2011 L4 (PANSTARRS) é um cometa não periódico com uma magnitude aparente de 19 quando foi descoberto em junho de 2011. No início de maio de 2012, o cometa tinha brilhado para magnitude 13,5 e, em outubro de 2012, o coma (atmosfera de poeira ténue em expansão) foi estimado em cerca de 120 000 km de diâmetro. Sem ajuda ótica, o cometa foi avistado em 7 de fevereiro de 2013 com uma magnitude de ~6. O cometa foi visível de ambos os hemisférios nas primeiras semanas de março e passou o mais próximo da Terra em 5 de março de 2013 a uma distância de 1,09 UA. Chegou ao periélio (maior aproximação ao Sol) a 10 de março de 2013. Em janeiro de 2013, houve um abrandamento notável do brilho que indicava que o cometa só poderia brilhar até à magnitude +1, enquanto que durante fevereiro a curva de brilho mostrou um abrandamento adicional indicando uma magnitude de periélio de cerca de +2. No entanto, uma investigação usando a curva de luz secular sugere que o cometa teve um "evento de abrandamento" quando estava a 3,6 UA do Sol com uma magnitude de 5,6. A taxa de aumento de brilho diminuiu e a magnitude estimada no periélio passou a ser +3,5. À mesma distância do periélio, o cometa Halley teria uma magnitude de - 1,0. Acredita-se que o cometa C/2011 L4 provavelmente levou milhões de anos para vir da nuvem de Oort. Depois de deixar a região planetária do sistema solar, estima-se que o período orbital pós-periélio seja de cerca de 106 000 anos. As caraterísticas orbitais do cometa são dadas na Tabela 6.2. A Figura 6.2 mostra a imagem da descoberta do cometa C/2011 L4 (PANSTARRS) pelo telescópio PAN-STARRS, enquanto a Figura 6.3 mostra as suas diferentes posições em diferentes datas no céu do hemisfério norte.

**Tabela 6.2** Caraterísticas orbitais do cometa C/2011 L4 (PANSTARRS)

| Characteristics | Particulars |
| --- | --- |
| Epoch | 2012-Mar-20 (JD 2456006.5) |
| Aphelion | Unknown |
| Perihelion | 0.30161 AU (q) |
| Semi-major axis | Unknown |
| Eccentricity | 1.000087 |
| Orbital period | ~106000 yr<br>(Barycentric solution for epoch 2050) |
| Inclination | 84.199° |
| Last perihelion | 10 March 2013 |
| Next perihelion | Unknown |

**Figura 6.2** Imagem do cometa C/2011 L4 (PANSTARRS) obtida pelo telescópio Pan- STARRS

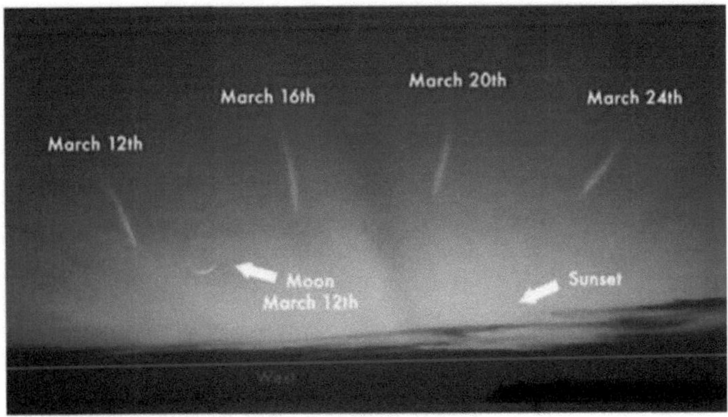


**Figura 6.3** Diferentes posições do cometa C2011 L4 em diferentes datas no céu

253

## 6.3 Curvas de luz secular do PANSTARRS e do Halley

Ferrin utilizou 1329 observações do cometa C/2011 L4 PANSTARRS para criar as Curvas de Luz Secular (SLCs) e comparou-as com o cometa 1P/Halley (3172 observações), o famoso cometa de 1986. Neste estudo, as magnitudes de abrandamento (m) e as distâncias de abrandamento (R) foram tidas em consideração com prioridade. De acordo com esta investigação, o cometa C/2011 L4 ligou-se mais longe do que o cometa 1 P/Halley a R = - 6,2 ± 0,1 UA. Como o gelo de água não pode sublimar a distâncias R < -6 UA, estes cometas devem ser ricos em substâncias mais voláteis do que a água, como o CO ou o $CO2$. Notou-se ainda que o C/2011 L4 exibe uma "distância de abrandamento" (SD), na qual a taxa de aumento do brilho abranda para um ritmo mais relaxado. Quando comparado, foi registado: R (SD) = -3,6 ± 0,1 UA, m(SD) = 7,1 ± 0,1, enquanto que para o cometa 1P/Halley R (SD) = -1,7 ± 0,1 UA, m(SD)= 5,6 ± 0,1. Mais uma vez, de acordo com esta observação, a magnitude absoluta do cometa C/2011 L4 é m (Δ, -R) = m (1, -1) = +5,2 em comparação com m (1, -1) = +3,9 para o cometa 1P/Halley. Depois de atravessar o SD, o cometa aumenta o seu brilho com uma lei de potência superficial R+1.25. Para interpretar a curva de luz do cometa, ela foi comparada com as Curvas de Luz Secular (SLC) observadas do cometa 1P/Halley. A Figura 6.4 revela que o C/2011 L4 PANSTARRS acendeu muito antes do cometa Halley, em -R < -

10 AU. A figura dá a magnitude absoluta [em $\Delta$ = R = 1 AU] m (1, -1) = +5,2. A magnitude do cometa pode então ser prevista como,

$$m\,(\Delta,\,R) = m\,(1,\,-1) + 5\,\log\Delta + 2,5\,n\,\log R \dots (5.1)$$

A fórmula expressa na Equação (5.1) prevê uma magnitude no periélio,

$$m(q)= m\,(1{,}109,\,0{,}30) = -2{,}4 \pm 0{,}4$$

A comparação mostra que a distância de ativação do C/2011 L4 é muito maior do que a do 1P, pelo menos para além de 10 UA. Como a água não pode sublimar um R > 6 UA, o cometa tem de ser feito de algo mais volátil do que a água, como CO ou $CO_2$. Parece ainda que ambos os cometas exibem uma "distância de abrandamento". Para o 1P situa-se a R = -1,7 ± 0,1 UA, enquanto que para o C/2011 L4 se situa a R = -3,6 ± 0,1 UA. As magnitudes absolutas de 1P e C/2011 L4 são m (1, -1) = +3.9 e +5.2, mas C/2011 L4 mostra um aumento de magnitude muito baixo R+1.25 enquanto o cometa 1P/Halley exibe R+3.35. É, no entanto, interessante notar que ambos os cometas exibem a mesma inclinação antes de SD.

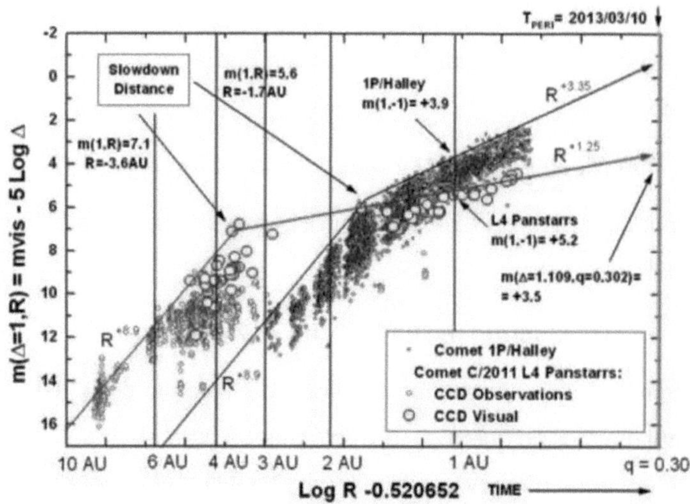


**Figura 6.4** A curva de luz secular do cometa C/2011 L4 e uma comparação com a do cometa 1P/Halley

A Figura 6.5 mostra um gráfico das magnitudes de desaceleração de 13 cometas versus as suas distâncias de desaceleração (SD). Verificou-se que 10 dos 12 (83%) se encontram numa zona vertical estreita, com uma área de R = -1,7 UA. O cometa C/2011 L4 situa-se no meio do diagrama, enquanto outro (C/1995 O1 Hale-Bopp) se situa à esquerda. A localização da depressão do cometa C/2012 S1 é indicada em duas regiões: (i) se o evento já passou, para baixo e para a esquerda e (ii) se o evento está para acontecer, para a direita. Verifica-se que o cometa está a mover-se em direção à região de outros cometas da nuvem de Oort, o que favorece a opção (ii) de que o evento SD não aconteceu. A partir da análise, foi ainda relatado que a Caixa de Cometas da Família Júpiter está

situada em 1,24 < R (SD) < 2,09 UA e 4,82 < m (SD) < 13,81.
Dentro desta caixa estão presentes 4 cometas da nuvem de
Oort.

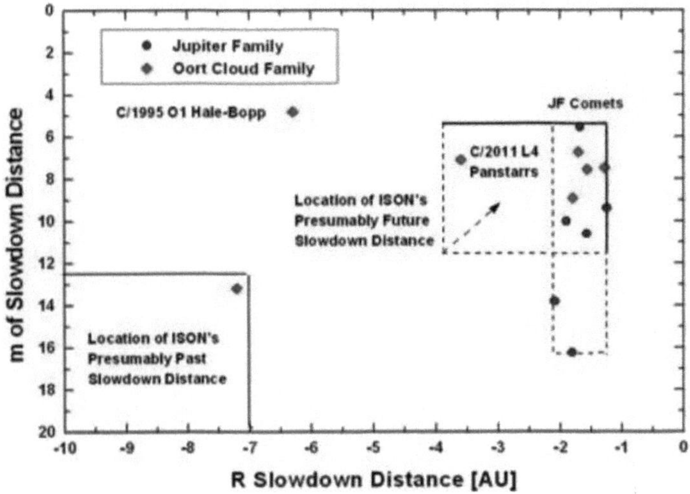


**Figura 6.5** As magnitudes de desaceleração de 13 cometas estão representadas em relação às suas distâncias de desaceleração

Até à data, não existe uma interpretação física do motivo pelo qual tantos cometas se situam numa área tão pequena deste espaço de fase. Juntamente com o Sol, a influência gravitacional de Júpiter tem ajudado a moldar o sistema solar. As órbitas da maioria dos planetas do sistema estão situadas mais perto do plano orbital de Júpiter do que do plano equatorial do Sol, embora o planeta Mercúrio seja o único que está mais perto do equador do Sol em inclinação orbital. As lacunas de Kirkwood na cintura de asteróides são causadas principalmente por Júpiter, e o planeta é responsável pelo Bombardeamento Pesado Tardio da história do sistema solar interior.

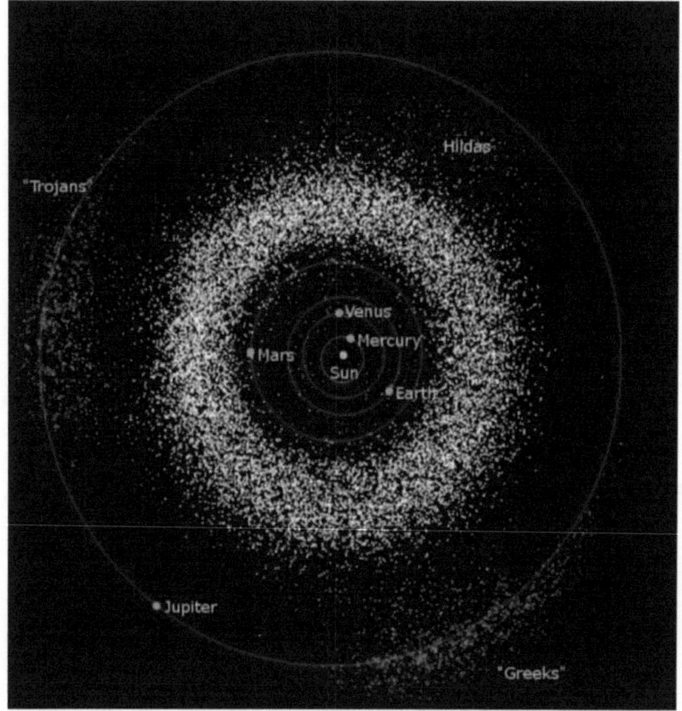


**Figura 6.6** Os asteróides troianos na órbita de Júpiter e a cintura principal de asteróides

A Figura 6.6 apresenta os asteróides troianos na órbita de Júpiter, bem como a cintura principal de asteróides. Juntamente com as suas luas, o campo gravitacional de Júpiter controla numerosos asteróides que se fixam nas regiões dos pontos lagrangianos das órbitas de Júpiter em torno do Sol. Estes são chamados asteróides troianos e estão divididos em "campos" gregos e troianos para comemorar a Ilíada. O primeiro destes asteróides foi descoberto por Max Wolf e, desde então, foram descobertos mais de dois mil. Pensa-se que os cometas da família de Júpiter se formam na cintura de Kuiper, fora da órbita de Neptuno. No decurso de encontros próximos com Júpiter, as suas órbitas são perturbadas para um período mais pequeno e depois circularizadas pela interação gravitacional regular com o Sol e Júpiter.

## 6.4 Antecedentes e órbita do cometa ISON

Em 21 de setembro de 2012, Nevski e Novichonok descobriram um cometa com a designação C/2012 S1. Tendo em conta o raio solar de 695.500 km, passou a cerca de 1.165.000 km acima da superfície do Sol. A sua trajetória parece hiperbólica, o que sugere que se trata de um cometa dinamicamente novo, acabado de sair da nuvem de Oort. Na sua maior aproximação, o cometa passou a cerca de 0,07248 UA (10.843.000 km) de Marte em 1 de outubro de 2013 e passou a cerca de 0,4292 UA (64.210.000 km) da Terra em 26 de dezembro de 2013. Espera-se que a Terra passe perto da órbita do cometa a 14 e 15 de janeiro de 2014, altura em que partículas de poeira do tamanho de microns sopradas pela radiação do Sol podem causar uma chuva de meteoros ou nuvens noctilucentes.

No entanto, ambos os eventos são improváveis, uma vez que a Terra apenas passa perto da órbita do cometa e não o atravessa efetivamente

a cauda. Por isso, as hipóteses de ocorrência de uma chuva de meteoros são reduzidas. Além disso, as chuvas de meteoros de cometas de longo período que fazem apenas uma passagem pelo sistema solar interior são muito raras. A possibilidade de pequenas partículas deixadas para trás na trajetória orbital, cerca de cem dias após a passagem do núcleo, poderem formar nuvens noctilucentes também é reduzida. Não foram registados tais acontecimentos no passado em circunstâncias semelhantes. Esta informação pode ser considerada inestimável para determinar a forma do cometa, a sua evolução e a rotação do núcleo sólido. De facto, a geometria do cometa pode ser dita como um "cometa de sonho", se realmente se tornar uma observação poética, uma vez que passou a apenas 40 milhões de milhas (0,4 UA) da Terra algumas semanas após o periélio. O objetivo deste artigo é examinar as vistas do brilho e da visibilidade do cometa ISON processadas por computador, bem como o seu impacto na Terra e na magnetosfera joviana.

Nevski da Bielorrússia e Novichonok da Rússia relataram que um cometa difuso com uma coma de 8" em quatro exposições CCD de 100-s em 21 de setembro de 2012 com um refletor de 0,4-m da Rede Científica Ótica Internacional (ISON) perto de Kislovodsk, Rússia. Nevski e Novichonok reportaram inicialmente o objeto ao Minor Planet Center (MPC), sem mencionar o aspeto cometário mas como um objeto aparentemente asteroide. Mas passado um dia, o aspeto cometário chegou e foi-lhe dado o nome de "ISON", de acordo com as diretrizes da IAU para a designação de cometas. Na designação formal do cometa C/2012 S1, o "C" indica que é não periódico, seguido do ano de descoberta; o "S" representa o mês de descoberta setembro, enquanto o número "1" revela que este foi o primeiro cometa encontrado nesse semestre. A adição de "(ISON)" após o seu nome identifica simplesmente a organização onde a sua descoberta foi efectuada. Se a mesma organização tivesse descoberto um cometa semelhante, mas não relacionado, depois de um dia, então esse teria sido nomeado "C/2012 S2 (ISON)". A Figura 6.7 (a) mostra a posição orbital do C/2012 S1 em 11 de dezembro de 2013 após o periélio, onde a distância do cometa da Terra era de 0,603 UA e do Sol era de 0,568 UA, enquanto a Figura (b) mostra a visualização da órbita do cometa à medida que se moveu para o Sistema Solar interior (ou seja, quando estava perto do Sol).

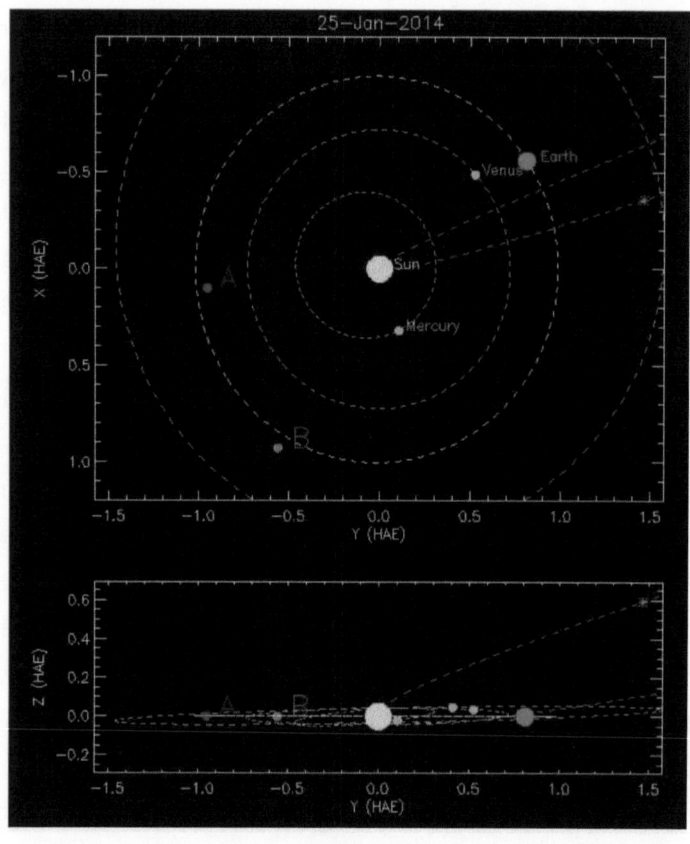

(a)

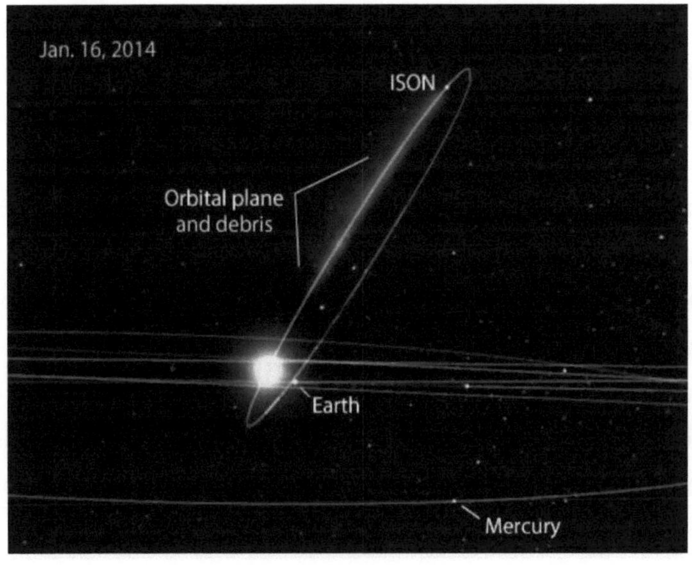


(b)

**Figura 6.7** (a) Posição orbital de C/2012 S1 em 11 de dezembro de 2013 após periélio e

(b) A órbita do cometa ISON quando está próximo do Sol em janeiro de 2014

## 6.5 Brilho e visibilidade do cometa ISON

Na altura da descoberta, a magnitude aparente do cometa era de cerca de 18,8, demasiado fraca para ser vista a olho nu, mas rapidamente seguiu o padrão da maioria dos cometas e aumentou gradualmente de brilho quando se aproximou do Sol. De 5 de junho a 29 de agosto de 2013, teve uma elongação inferior a 30 graus em relação ao Sol. Devido ao seu brilho mais

263

lento do que o previsto, o cometa tornou-se visível através de pequenos telescópios no início de outubro de 2013. Inicialmente, pensava-se que poderia tornar-se mais brilhante do que a Lua cheia, mas com base em observações posteriores, esperava-se que atingisse apenas cerca de magnitude aparente -3 a -5, aproximadamente o mesmo brilho de Vénus. O cometa tornou-se mais brilhante na altura em que estava mais próximo do Sol. No entanto, estava a menos de 1° do Sol no momento da sua maior aproximação, o que dificultou a sua observação contra o brilho do Sol, embora desde então tenha exibido um "evento de abrandamento", semelhante aos exibidos por muitos outros cometas da nuvem de Oort (por exemplo, C/2011 L4). Assim, o seu brilho aumentou menos rapidamente do que o previsto. A temperatura calculada no periélio foi registada como sendo de 2.700 °C, o que é suficiente para derreter ferro. Para além disso, estando dentro do limite de Roche, pode desintegrar-se devido à gravidade do Sol. A Figura 6.8 (a) mostra a imagem do Telescópio Espacial Hubble da NASA do cometa C/2012 S1 (ISON) que foi fotografado em 10 de abril, quando o cometa estava ligeiramente mais perto da órbita de Júpiter a uma distância de 62,12,06,784 km do Sol e 63,40,81,536 km da Terra. Foi observado que, mesmo a essa grande distância, o cometa já estava ativo, uma vez que a luz solar aquece a superfície e provoca a sublimação dos voláteis congelados. Uma análise pormenorizada do coma de poeira que rodeia o núcleo sólido e gelado mostra um forte jato de partículas de poeira a jorrar do lado do núcleo do cometa virado para o Sol. A figura (b), por outro lado, revela a imagem contrastada produzida a partir das imagens do Hubble do cometa C/2012 S1 (ISON), mostrando a estrutura subtil na coma interna do cometa. Em todas estas vistas processadas por computador, as imagens do Hubble foram divididas por um modelo computorizado de coma que diminui de brilho proporcionalmente à distância do núcleo, como esperado para um cometa que produz poeira uniformemente sobre a sua superfície. O coma do ISON mostrou claramente uma maior libertação de partículas de poeira no lado virado para o Sol do núcleo do cometa, o corpo pequeno e sólido no centro do cometa. A cor verde do cometa indica que está mais ativo à medida que se aproxima do Sol. A cor verde do ISON tem origem nos gases que rodeiam o seu núcleo gelado. Os jactos que saem do núcleo do cometa contêm provavelmente cianogénio (CN), um gás venenoso que se encontra em muitos cometas, e carbono diatómico. Ambas as substâncias brilham a verde quando iluminadas pela luz solar no quase-vácuo do espaço. A figura (c) mostra a imagem do cometa, com uma tonalidade esverdeada. Na Tabela 6.3 apresentamos as caraterísticas orbitais do cometa ISON.

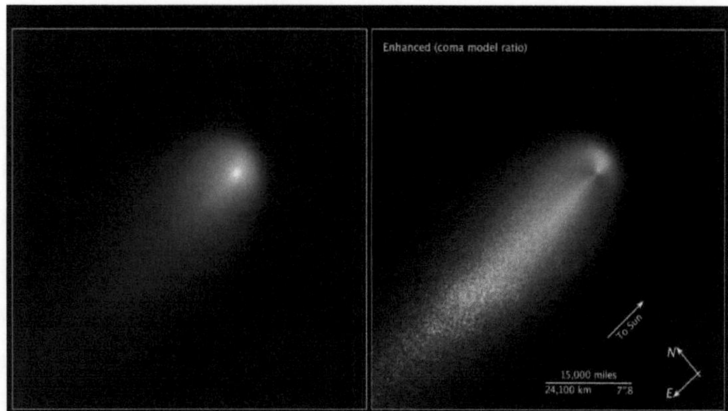



**Figura 6.8** (a) Imagem do Telescópio Espacial Hubble da NASA do cometa quando estava ligeiramente mais próximo da órbita de Júpiter, (b) Imagem com contraste melhorado produzida a partir das imagens do Hubble do cometa e do

**Figura 6.8** (c) Imagem do cometa ISON mostrando a cor verde

**Tabela 6.3** Caraterísticas orbitais do cometa ISON

| Dominant features | Values |
| --- | --- |
| Epoch | 14 December 2013 (JD 2456640.5) |
| Perihelion | 0.01244 AU (q) |
| Eccentricity | 1.0000021 |
| Orbital period | ejection trajectory (epoch 2050) [Horizons output] |
| Inclination | 62.39° |
| Right Ascension | 16h 14m 33s |
| Declination | -07°48'22" |
| Distance from Sun | 48.88 million km |
| Distance from Earth | 114.15 million km |
| Magnitude (Nov. 2013) | -16 Lumen (far brighter than the full moon) |
| Magnitude (Dec. 2013) | 3.18 Lumen |

## 6.6 O cometa ISON como chuva de meteoros e impacto na Terra

Considera-se que durante vários dias, por volta de 12 de janeiro de 2014, a Terra passará por uma corrente de detritos de grão fino do cometa ISON. De acordo com os modelos informáticos de Wiegert, a corrente de detritos é povoada por minúsculos grãos de poeira da ordem de alguns microns de largura, empurrados em direção à Terra pela suave pressão de radiação do Sol.

De acordo com os cálculos, a velocidade de embate será de 56 km/s. Como as partículas são muito pequenas, a atmosfera superior da Terra irá abrandá-las rapidamente até à paragem. Especula-se que os minúsculos meteoróides actuarão como pontos de nucleação onde as moléculas de água se juntam, resultando na formação de cristais de gelo em nuvens nos limites do próprio espaço e, por sua vez, o cometa ISON poderá fornecer as sementes para um espetáculo noctilucente. Quando a Terra passar pelo fluxo de detritos, encontraremos duas populações de poeira de cometa; um enxame de poeira estará a seguir o cometa ISON em direção ao Sol e o outro enxame estará a mover-se na direção oposta, empurrado para longe do Sol pela pressão da radiação solar. Os fluxos de poeira irão apimentar simultaneamente os lados opostos da Terra. Mostramos na Figura 6.9 o modelo de Paul Weigert do fluxo de detritos do cometa ISON.

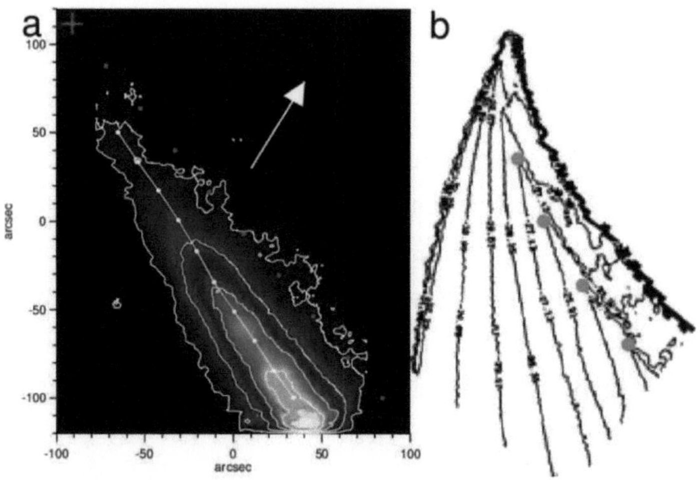

Figura 6.9 Modelo de Paul Weigert do fluxo de detritos do cometa ISON

## 6.7 Cometas de curto período como família de Júpiter e resposta visível no sinal Joviano

Os objectos classificados como cometas exibem a maior variedade de comportamento dinâmico no sistema solar. A principal divisão dos cometas tem sido entre os classificados como cometas de 'longo período' (P > 200 anos) e 'periódicos' ou de 'curto período' (P < 200 anos). Os cometas de período curto pertencem geralmente à chamada família de Júpiter e têm, de facto, períodos muito curtos, com um valor médio de cerca de 8 anos. Devido a este facto, os cometas periódicos são classificados com base no período orbital em duas classes:

(i) Cometas da família Júpiter com P < 20 anos e

(ii) Cometas de tipo Halley com 20 < P < 200 anos.

O cometa ISON atingiu o periélio em 28 de novembro de 2013, por volta das 18:44 do Tempo Universal. A Figura 6.10 revela o plano de rastreamento do Solar Dynamics Observatory em 28 de novembro, quando o ISON passou pelo periélio. Quando o cometa ISON estava a passar sobre o céu de Kalyani (22.98°N, 88.46°E) em 28 de novembro de 2013 às 18:44 UT, houve um aumento súbito no sinal de Jovian, mostrando assim claramente o efeito do cometa ISON na receção do sinal de rádio proveniente da magnetosfera de Jovian (Figura 6.11). Pode ser salientado que uma resposta semelhante no sinal de rádio recebido no nosso observatório por um recetor potente em 20,1 MHz também foi notada por nós durante um cometa precoce e os resultados foram relatados noutro local.

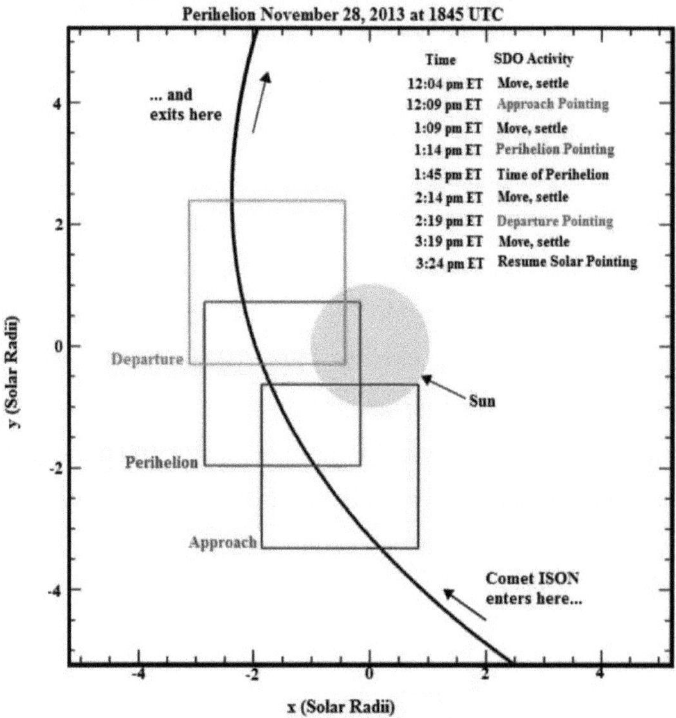


**Figura 6.10** O plano de seguimento do Solar Dynamics Observatory em 28 de novembro de 2013, quando o ISON passou pelo periélio

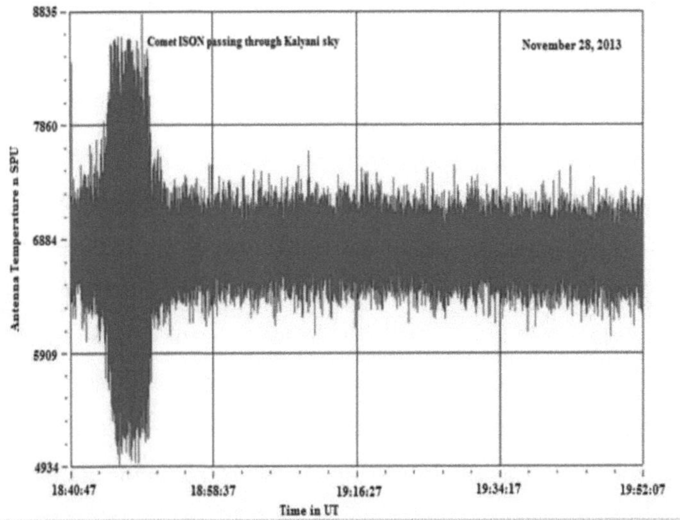


**Figura 6.11** Efeito do cometa ISON no sinal Joviano

## 6.8 Variações dos Registos Atmosféricos de Jovianos e da Terra

Estamos a registar regularmente dados de sinais de rádio Jovianos no observatório do departamento de Física da Universidade de Kalyani, a 20,1 MHz. Estamos também a registar simultaneamente os dados atmosféricos a 27 kHz no mesmo observatório em Kalyani (22.98°N, 88.46°E). Os nossos registos revelam variações interessantes durante os eventos. Na Figura 6.12, mostramos as típicas explosões de ruído de rádio Joviano registadas em Kalyani a 13 de março de 2013, quando Júpiter estava a nascer no céu de Kalyani. Por outro lado, a Figura 6.13 apresenta as rajadas de ruído de rádio de Júpiter registadas em Kalyani a 14 de março de 2013, quando Júpiter estava presente no céu de Kalyani. A parte sombreada a cinzento indica a hora da passagem do cometa sobre o céu de Kalyani às 13:30 UT. Quando comparamos a Figura 6.12 com a Figura 6.13, verificamos que, no momento em que Júpiter estava prestes a aparecer no céu de Kalyani, o nível do sinal de rádio não produziu qualquer alteração significativa nos seus registos, enquanto que quando Júpiter estava sobre o céu de Kalyani há uma variação típica no nível do sinal de rádio com um valor consideravelmente mais elevado durante a passagem do cometa. Isto indica uma contribuição do cometa em causa para o sinal de rádio recebido de Júpiter. Na intensidade de campo integrada do registo atmosférico a 27 kHz, como se mostra na Figura 6.14, notou-se também um nível elevado com um padrão de desvanecimento de curto período em ambos os lados. Este nível de ruído melhorado foi associado ao cometa em causa C/2011 L4.

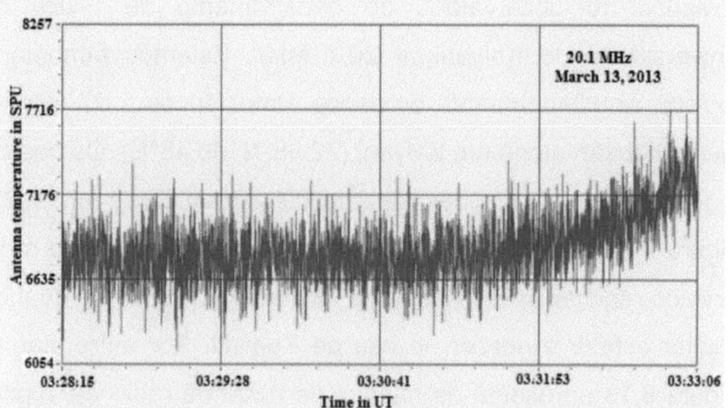



**Figura 6.12** Rajadas de ruído de rádio Joviano registadas em

13 de março de 2013 quando Júpiter estava a nascer no céu de Kalyani

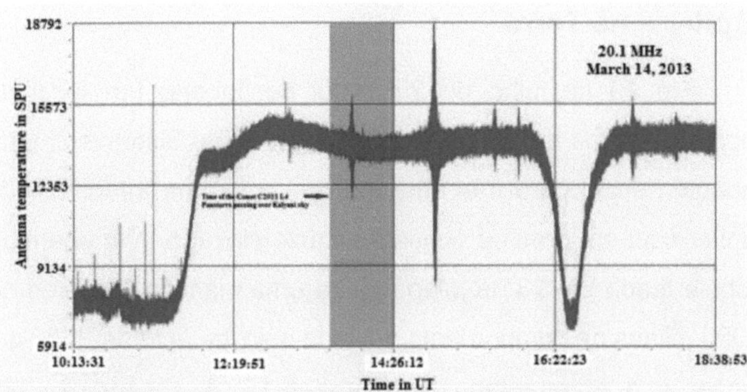

**Figura 6.13** Rajadas de ruído de rádio de Júpiter registadas em Kalyani em 14 de março de 2013, quando Júpiter está presente no céu de Kalyani. A parte sombreada a cinzento corresponde à hora da passagem do cometa no céu de Kalyani às 13:30 UT

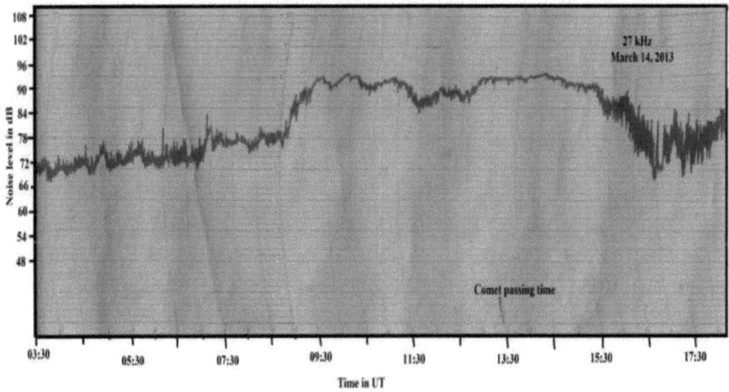

**Figura 6.14** Registo atmosférico a 27 kHz durante a passagem do cometa C/2011 L4 (o nível de ruído está em dB acima de 1

275

pV/m)

## 6.9 Probabilidade de impacto dos cometas em Júpiter e na Terra

Em 19 de julho de 2009, foi descoberto um local de impacto a cerca de 216 graus de longitude no Sistema 2. Este impacto deixou para trás uma mancha negra na atmosfera de Júpiter com um grau de confiança muito elevado. A imagem do Hubble tirada em 23 de julho mostra uma mancha de cerca de 5.000 milhas de comprimento deixada pelo impacto de 2009 em Júpiter e é apresentada na Figura 6.15. A observação por infravermelhos revelou um ponto brilhante onde ocorreu o impacto. Na prática, o impacto aqueceu a baixa atmosfera na área próxima do Pólo Sul de Júpiter. Uma bola de fogo, mais pequena do que os primeiros impactos observados, foi detectada em 3 de junho de 2010 e captada em vídeo por um astrónomo nas Filipinas, seguida de uma segunda bola de fogo visível em 20 de agosto de 2010. No mesmo ano, a 10 de setembro, foi detectada uma terceira bola de fogo. A variação temporal na probabilidade de impacto é relatada assumindo que o fluxo periódico dos cometas da Nuvem de Oort dentro de 15 UA surge devido ao movimento do Sol em relação ao plano médio galáctico. O fluxo periódico revela-se de forma proeminente na taxa de impacto da população de cometas da Nuvem de Oort capturada, que sofre uma mudança de fase devido à evolução orbital. Dependendo do fluxo e da distribuição do tamanho dos cometas, a taxa de impacto dos cometas da nuvem de Oort com 1 km de diâmetro ou mais é de 5 a 700 impactos por 1000 anos na Terra e de 0,5 a 70 impactos por 1000 anos em Júpiter. As fracções relativas de impactos são indicadas como 0,09, 0,11, 0,26 e 0,54 para cometas de longo período, cometas do tipo Halley, cometas da família de Júpiter e objectos próximos da Terra, respetivamente.

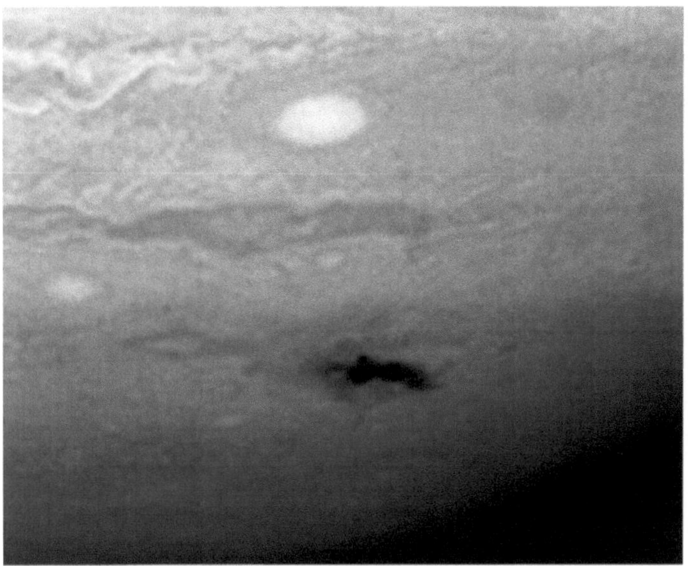

**Figura 6.15** Imagem do Hubble obtida em 23 de julho que mostra uma mancha de quase 5 000 milhas de comprimento deixada pelo impacto de Júpiter em 2009

As fracções correspondentes nas três primeiras categorias para Júpiter são 0,18, 0,31 e 0,51. Quando o desvanecimento físico da atividade dos cometas é compatível com as observações, as taxas de impacto dos cometas activos são duas ordens de grandeza menores do que as taxas totais de impacto de todos os tipos de cometas e asteróides cometários de tamanho igual ou superior a 1 km. A Figura 6.16 mostra o gráfico de probabilidade de impacto total para todos os cometas da nuvem de Oort em função do tempo. A linha sólida representa a curva de impacto simulada e a linha a tracejado denota o fluxo periódico inicial de cometas.

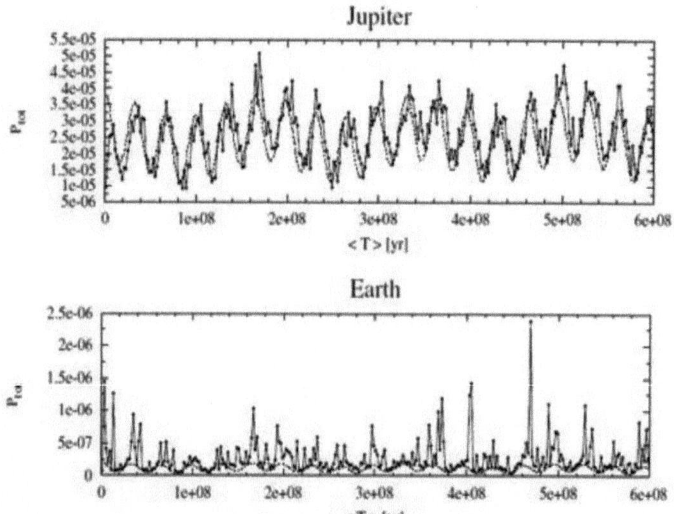


**Figura 6.16** Probabilidade total de impacto em função do tempo, tanto para Júpiter como para a Terra

## 6.10 Definição astronómica dos meteoros

A variação da densidade plasmática da camada ionosférica durante as grandes chuvas de meteoros é altamente irregular e não é uma função suave do ângulo zenital solar.

Devido às variações irregulares da densidade do plasma, a camada E da ionosfera é mais conhecida por camada E esporádica ou camada Es. A camada E esporádica desempenha um papel vital nas comunicações por rádio. Pensa-se geralmente que as camadas E esporádicas são formadas pela compressão dos iões metálicos (Fe+, Na+, K+, etc.) de origem meteórica pelo mecanismo de cisalhamento do vento. As observações revelaram que a largura de banda considerada apresenta uma degradação percetível da intensidade do sinal e da qualidade da ligação na presença de fogo. Os sinais podem saltar dos rastos intensamente ionizados dos meteoros que entram na ionosfera e verificou-se que tanto a intensidade como a duração dos sinais de dispersão dos meteoros variam significativamente. Na frequência de 20,1 MHz, recebemos sinais de rádio de Júpiter quando o grande meteoro Geminídeas estava nas proximidades da Terra. A duração da explosão de ruído devido à chuva de meteoros durou de segundos a minutos, mas houve uma degradação notável na força do sinal de Júpiter nessas alturas. As Geminídeas foram observadas pela primeira vez em 1862, muito mais recentemente do que outras chuvas, como as Perseidas (36 d.C.) e as Leónidas (902 d.C.). De todas as correntes de detritos que a Terra atravessa todos os anos, as Geminídeas são de longe as mais maciças. Quando somamos a quantidade de poeira na corrente das Geminídeas, esta ultrapassa as outras correntes por factores de 5 a 500.

Meteoro é o fenómeno luminoso que acompanha a entrada na atmosfera de um corpo estranho. O arrastamento luminoso é causado pela vaporização e ionização do corpo de ar no seu trajeto, devido principalmente aos fenómenos de compressão do ar antes do corpo supersónico. Os meteoros, quando atingem o solo, são designados por meteoritos e, de um modo mais geral, os corpos que podem criar tais fenómenos são designados por meteoróides. O fenómeno ocorre entre 120 e 80 km de altitude a uma velocidade elevada entre 11 e 72 km / s. O seu tamanho é muito pequeno, entre 1 grama e 1 picograma, que normalmente atinge o solo. Em contacto com a atmosfera terrestre, a energia cinética provoca o aquecimento e a ionização na atmosfera produz a emissão de luz. As propriedades do plasma variam em função da sua densidade e das condições de capacidade de reflexão de uma onda de rádio incidente. A diferença entre sub-densidade e sobre-densidade pode ser feita quando se observa a dependência do tempo com uma gravação de um eco de rádio meteoro. O sinal sub-denso (sub-denso) resulta num pico muito pronunciado e num decréscimo logarítmico. O "comprimento" deste decréscimo é uma função da duração da ionização. A maior parte do corpo minúsculo provoca um simples pico vertical sem sinal de decaimento. Também é frequente haver um "impacto prévio" antes do pico principal. A Figura 6.17 mostra o sinal pouco denso. O sinal demasiado denso provoca grandes flutuações, por vezes com um pico pronunciado. O "comprimento" deste eco é também uma função da duração da ionização, mas aparecem muitas distorções, desaparecimentos e reaparecimentos. Este pode ser formado em função do vento nas altas camadas atmosféricas que altera geometricamente o "canal" que por vezes persiste na ionização vários minutos após a passagem do meteoro. O mesmo fenómeno é também observado no visível devido ao rasto de "luz" que persiste e encontra a sua deformação. A figura 6.18 mostra um padrão típico do sinal demasiado denso.

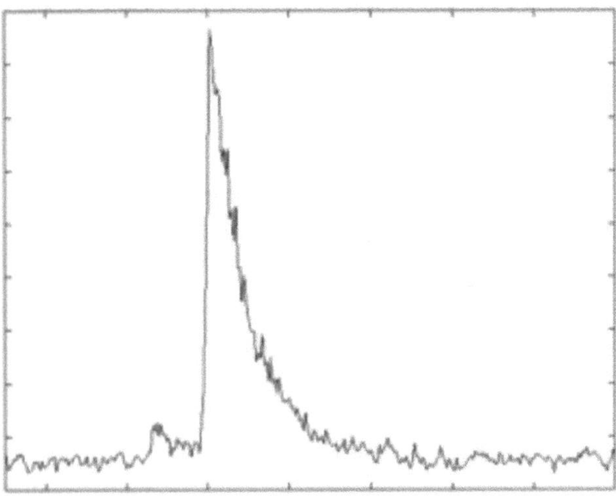

**Figura 6.17** Sob sinal denso

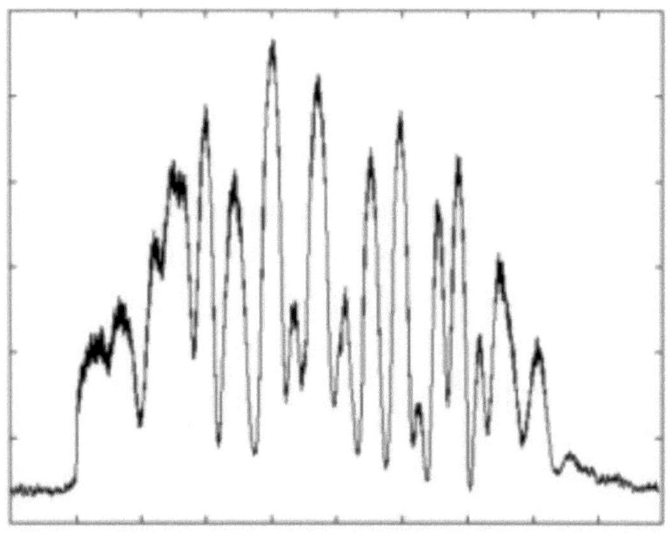

**Figura 6.18** Sinal demasiado denso

## 6.10 Impacto das chuvas de meteoros

Chuva de meteoros é um conjunto de partículas densas que "colidem" com a Terra em períodos relativamente bem definidos. Em geral, são de origem cometária. Na realidade, um cometa perde matéria de forma irregular, consoante a sua distância ao Sol e a "força" do vento solar que corrói a sua superfície. O cometa dissemina então material de "explosão" ao longo da sua órbita, formando a chuva de meteoros. Obviamente que para se poder observar a Terra tem de se cruzar num ponto da órbita do cometa e encontrar as "rajadas" de material deixadas pelo cometa. As chuvas de meteoros devidas a partículas de cometas são gradualmente desviadas pela gravidade dos planetas e do Sol e não se encontram

282

necessariamente na "órbita" do cometa. Isto explica porque é que por vezes temos dificuldade em explicar a origem de algumas chuvas de meteoros.

A Figura 6.19 ilustra uma visão simplificada da propagação do sinal através da Ionosfera da Terra. O papel do campo magnético de Júpiter e a contribuição da radiação solar UV afectam a propagação do sinal de ambos os lados de uma forma semelhante à descrita na figura. Júpiter emite sinais de rádio J1 e J2; J1 penetra através da camada ionosférica mais fina e é recebido no observatório O, enquanto J2 é refletido pela camada mais densa da ionosfera. Qualquer sinal transmitido por um emissor terrestre T situado sob o Sol pode ser absorvido pela camada mais densa D durante o dia ou sofrer uma refração interna total, causando ruído nos observatórios ao amanhecer e ao anoitecer.

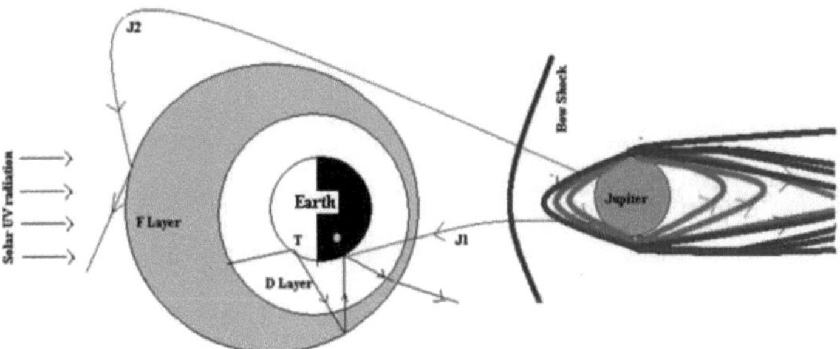


**Figura 6.19** Sinais de rádio que se propagam através das trajectórias J1 e J2 na ionosfera terrestre a partir do campo magnético Joviano na presença de radiação solar UV

283

## 6.11 Chuvas de meteoros das Geminídeas

A chuva de meteoros Geminídeas produziu um aumento máximo (cerca de 40 por cento) em comparação com outras chuvas. Estas observações mostram que há uma contribuição definitiva do Conteúdo Total de Electrões (TEC) da ionosfera devido à ionização produzida pelos meteoros durante os períodos de chuva. Os resultados de Dunker et al. também apoiam em pormenor o resultado surpreendente mencionado acima, indicando que a diminuição constante de meteoros esporádicos durante novembro e dezembro tem uma influência mais significativa na quantidade de material meteórico na mesosfera superior do que a chuva de meteoros Geminídeas. Comparando os seus próprios resultados com resultados previamente publicados do período das Geminídeas de anos anteriores, estes autores sugerem que a compressão dos iões metálicos nos meteoros da chuva, ou nos meteoros esporádicos durante este período, pode ter diminuído nas últimas quatro décadas.

Com o objetivo de examinar o campo geomagnético de origem externa durante a chuva de meteoros de 7 a 15 de dezembro de 2013, considerámos dois índices geomagnéticos Ap e Cp. Dos dois, Ap é um A planetário médio obtido pela média da amplitude equivalente de 3 horas da atividade geomagnética derivada do índice Kp. Este índice baseia-se nos dados de um conjunto de estações Kp específicas. Por outro lado, Cp é um índice diário de atividade geomagnética obtido a partir da soma de 8 valores diários do índice ap (amplitude equivalente). Os valores de Cp situam-se no intervalo de 0,0-1,2. Na prática, Cp com 2,5 representa o campo geomagnético mais perturbado. A Figura 6.20 mostra as variações dos valores de Ap e Cp ao longo do mês de 7 a 15 de dezembro de 2013.

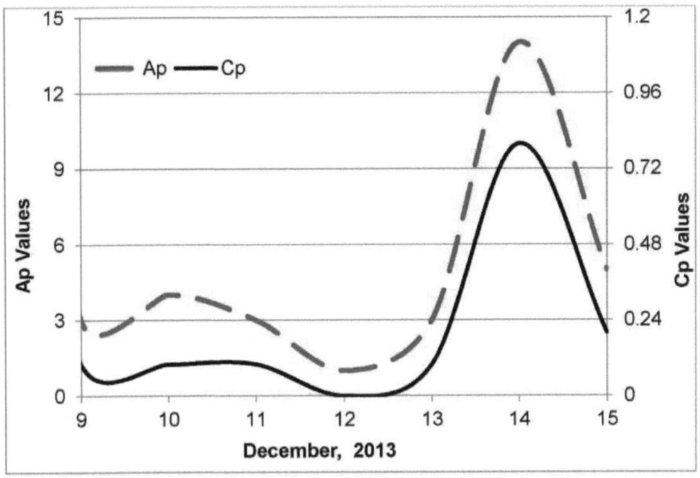


**Figura 6.20** Variações dos valores de Ap e Cp em diferentes datas de 7 a 15 de dezembro de 2013

A figura revela claramente valores mais elevados de Ap e Cp depois de 13 de dezembro, as datas de pico de atividade dos meteoros, que caem novamente a 15 de dezembro. Esta descoberta interessante levou-nos a examinar outros índices geomagnéticos relacionados, como os valores AE e Kp. O índice Auroral Electrojet (AE) fornece uma medida global e quantitativa da atividade magnética da zona auroral. O AE é produzido por correntes ionosféricas reforçadas que fluem abaixo e dentro da oval auroral. O índice AE pode ser utilizado como um índice correlativo para examinar a morfologia das sub-tempestades, o comportamento da propagação de rádio e a cintilação de rádio. Por outro lado, o índice planetário Kp é obtido pela média dos índices K de 11 observatórios.

## 6.12 Degradação nos dados do sinal Joviano

Observações à volta do relógio revelaram que há uma degradação da força do sinal Joviano durante o pico de atividade da chuva de meteoros Geminídeas. Há mais de um século que as pessoas afirmam ouvir sons quando vêem grandes estrelas cadentes no céu. É impossível que as ondas sonoras sejam produzidas pelo meteoro, uma vez que o som viaja muito mais lentamente do que a luz. A única explicação é que o meteoro produz ondas de rádio (semelhantes a um relâmpago) que chegam ao observador com a luz, sendo depois transformadas em som audível em objectos que vibram perto do observador. Descobriu-se que, durante as chuvas de meteoros, as propriedades da ionosfera são alteradas devido aos iões e à poeira meteórica depositados na atmosfera superior. Por esta razão, a densidade do plasma ionosférico aumenta, o que impede o sinal Joviano de penetrar na atmosfera terrestre. Esta pode ser a principal causa da degradação do sinal Joviano.

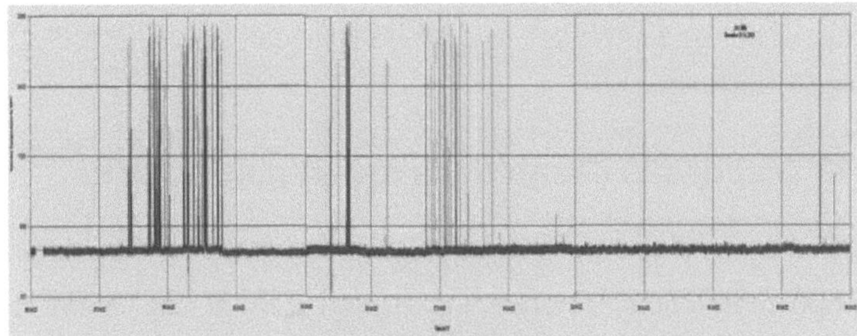

Figura 6.21 (a)

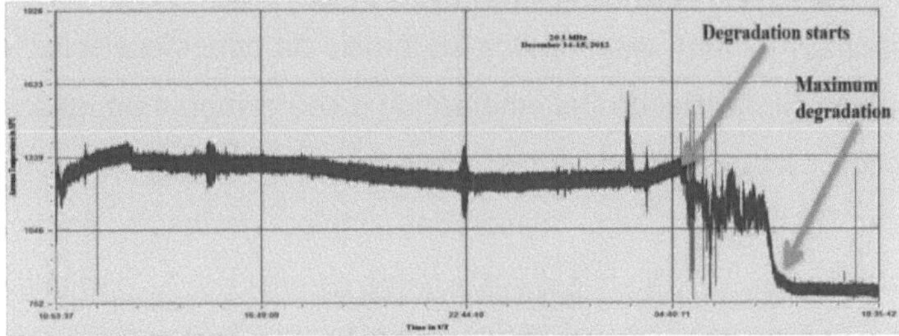


Figura 6.21 (b)

**Figura 6.21** Rajadas de ruído de rádio de Júpiter registadas em Kalyani a 20,1 MHz utilizando um recetor Jove e uma antena dipolo dupla em 13-14 de dezembro de 2013 e 14-15 de dezembro de 2012 durante o pico de atividade dos meteoros Geminídeos

A Figura 6.21 revela as explosões de ruído de rádio de Júpiter registadas em Kalyani a 20,1 MHz usando um recetor Jove e uma antena dipolo dupla em 13-14 de dezembro de 2013 e 14-15 de dezembro de 2012 durante o pico de atividade dos meteoros Geminídeos, indicando claramente a degradação do

287

nível de sinal Joviano e a qualidade da ligação recebida na estação terrestre.

## 6.13 Discussão e âmbito da investigação futura

As partículas carregadas que se deslocam através de um campo magnético aceleram em espiral à volta das linhas do campo magnético em direção a um dos pólos. Estas partículas carregadas aceleradas emitem radiação que depende da energia das partículas carregadas. A emissão de rádio solar tem origem em várias camadas da superfície da atmosfera solar. A rotação diferencial do Sol emaranhou o seu campo magnético e lançou partículas carregadas sob a forma de rajadas de rádio solar. Estas partículas aceleradas emitem radiação do tipo ciclotrão e sincrotrão numa vasta gama de espetro. As partículas carregadas, movendo-se no campo magnético de Júpiter, geram ondas de rádio cuja frequência aumenta com a força do campo magnético (H = 4,3 G). Esta emissão de rádio é conhecida como emissão ciclotrónica. As ondas de rádio decamétricas têm frequências na gama de 1 a 40 MHz com um pico à volta de 10 MHz. No entanto, devido à opacidade da camada F da ionosfera terrestre, os sinais abaixo dos 10 MHz não conseguem chegar ao telescópio terrestre e, mais uma vez, a intensidade das emissões diminui rapidamente se formos para valores mais elevados. Consequentemente, a frequência de ~20 MHz é considerada a frequência óptima para receber as emissões de Júpiter na superfície da Terra. As emissões de rádio de Júpiter são maioritariamente polarizadas, o que envolve a causa das ondas de rádio, a condição na fonte das ondas e também a condição no espaço entre Júpiter e a Terra. A ionosfera desempenha um papel crucial na filtragem das ondas de rádio. Os raios ultra-violeta do espaço exterior ionizam as moléculas de gás neutro da ionosfera. Esta alteração estrutural na ionosfera provoca a absorção e a curvatura das ondas de rádio de Júpiter. Em geral, as ondas de rádio mais baixas são absorvidas e as mais altas são refractadas pela ionosfera. As emissões de DAM de Júpiter ocorrem na gama de alta frequência do espetro. A nossa observação radioeléctrica de Júpiter é, em certa medida, influenciada pelo estado da ionosfera. Durante o dia, os raios solares UV ionizam a camada D da Ionosfera, que deixa muitos electrões de alta energia. As ondas jovianas de baixa frequência fazem estes electrões oscilar mais e acabam por ser absorvidos. À noite, esses electrões recombinam-se e deixam a onda passar facilmente. A camada F da ionosfera, pouco povoada, ioniza-se sobretudo durante o dia. Esta alteração na densidade dos electrões reflecte as ondas de rádio provenientes da Terra e de fontes cósmicas. Uma quantidade considerável de ruído durante o pôr do sol ou o nascer do sol indica opacidade da ionosfera.

Acredita-se geralmente que o anel aquecido de partículas carregadas possui um campo elétrico muito poderoso. Quando este campo entra em contacto com o campo magnético intrínseco de Júpiter, são criadas emissões de rádio. Quando certas partículas são empurradas para a corrente de iões, chamada fluxo aural, são produzidos ruídos de rádio decamétricos (conhecidos como DAM). Embora a física para a formação de diferentes tipos de sinais de Júpiter e seus tempos de emissão ainda não seja bem compreendida, um modelo empírico pode ser desenvolvido com base em duas entradas primárias:

(i) A longitude do sistema III de Júpiter, apontada para a Terra, com um período de rotação de 9hr 55m29s correspondente ao campo magnético de Júpiter e

(ii) Posição orbital de Io (lua de Júpiter) em relação a uma linha entre Júpiter e a Terra.

Tendo em conta a longitude de Júpiter, foi salientado que existem três regiões durante as quais as emissões de Júpiter são mais convincentemente detectáveis na Terra. Mas a probabilidade de deteção pode ainda ser bastante baixa (< 30%), pelo que poderá ser necessário efetuar observações ao longo do tempo para detetar uma verdadeira tempestade magnética. Um estudo simultâneo das emissões radioeléctricas Jovianas, baseado na conceção do projeto Radio JOVE da NASA, e a correlação das observações podem fornecer informações valiosas neste domínio num futuro próximo. Serão tentadas investigações sobre algumas inter-relações entre as atmosferas solar e joviana. Para além da receção de emissões solares transitórias utilizando o Log Periodic Dipole Array, temos vindo a registar simultaneamente sinais de rádio a 20,1 MHz utilizando o radiotelescópio de Jovian.

Uma quantidade significativa de dados assim registados por nós, utilizando os dois sistemas de antenas, será utilizada para recolher informações fundamentais sobre algumas inter-relações das propriedades electromagnéticas das duas atmosferas. Uma estratégia adequada de identificação de explosões solares pode ser altamente rentável neste momento em que a atividade solar está no auge. A análise espetral detalhada e a calibração cruzada com outros instrumentos solares são essenciais. Estamos a planear instalar no nosso servidor o software da matriz de resposta e gerar ficheiros de resposta para todos os intervalos de tempo das erupções. A ocorrência de erupções solares é maior quando o Sol está ativo e menor quando o Sol está calmo e, desse ponto de vista, a técnica proposta tem a oportunidade de identificar as erupções solares de forma significativa quando a atividade está a aumentar. Atualmente, estamos a recolher e a analisar dados relativos a explosões radioeléctricas solares utilizando o nosso LPDA na gama de frequências de interesse. Estamos a tentar desenvolver um algoritmo e modelar as nossas técnicas de receção de rajadas solares. Um estudo simultâneo das emissões de rádio Jovianas, com base na conceção do projeto Radio JOVE da NASA, e das explosões de rádio solares, com base no LPDA, e a correlação das observações, fornecerão informações valiosas a seu tempo. À medida que continuamos a reunir mais informações sobre o Radio Jove e também a recolher ondas electromagnéticas do Sol, chegámos à conclusão de que deveria haver mais trabalho sobre este assunto. As experiências incluem a escuta de mais explosões solares no futuro próximo e também a identificação da forma como esta emissão do Sol pode afetar a comunicação na Terra. Ao fazer tudo isto, poderemos encontrar uma forma de a nossa comunicação ser mais forte e não ser perturbada nem interrompida por qualquer emissão de rádio solar ou Joviana.

# *Referências*

1. J. M. Trigo-Rodríguez, K. J. Meech, D. Rodriguez, A. Sánchez, J. Lacruz e T. E. Riesen, 2013, Post-discovery Photometric Followup of Sungrazing Comet C/2012 S1 ISON, 44th Lunar and Planetary Science Conference, 18-22 de março de 2013, The Woodlands.
2. Dados de aproximação do JPL: C/2012 S1 (ISON), NASA.gov, 15 de novembro de 2012.
3. T Phillips, 2013, Chuva de meteoros do cometa ISON, NASA.gov..
4. A. Sekhar e D. J. Asher, 2013, Meteor showers on Earth from sungrazing comets, Monthly Notices of the Royal Astronomical Society.
5. K. Beatty, 2012, A "Dream Comet" Heading Our Way?, Sky & Telescope.
6. N. Atkinson, 2013, "Porque é que o cometa ISON é verde?", Universe Today.
7. MPEC 2013-S75: Observações e órbitas de cometas, Centro de Planetas Menores da IAU. 30 de setembro de 2013.
8. M. Duncan, T Quinn e S. Tremaine, 1988, The origin of shortperiod comets, Astrophysical Journal, 328, L69.
9. T Nakamura e H. Kurahashi, 1998, Collisional Probability of Periodic Comets with the Terrestrial Planets: Um caso inválido de formulação analítica, Astrophysical Journal, 115, 848.

10.	H. F. Levison, In Rettig T W., Hahn J. M., eds, 1996, ASP Conference Series, 107, Completing the Inventory of the Solar system, Astron. Soc. Pac., São Francisco, 173.

11.	J. Crovisier, 2001, Encyclopedia of Astronomy and Astrophysics, P. Murdin, ed., IOP Publishing, Bristol/Natureza, 446.

12.	J. A. Fern'andez, 1985, Dynamical capture and physical decay of short-period comets, Icarus, 64, 308.

13.	J. A. Fern'andez, 1994, Asteroids Comets Meteors 1993, A. Milani, M. Di Martino, A. Cellino, eds, Proc. IAU Symp., 160.

14.	A. B. Bhattacharya, J. Pandit e A. Sarkar, 2013, An Attempt to Delineate Radio Signals Associated with February 15, 2013 Asteroid, International Journal of Physics, 6, 17-23.

15.	A. B. Bhattacharya, B. Raha, 2014, Photometric Followup of Sun Grazing "Dream Comet" ISON and Its Impact on Earth and Jovian Magnetosphere, International Journal of Electronics & Communication Technology, 5, 37-39.

16.	Navegador da base de dados de pequenos corpos do JPL: C/2011 L4 (PANSTARRS), Laboratório de Propulsão a Jato, 2012-07-14 última obs (arco de dados=1,15 ano), Recuperado em 2012-06-12.

17.	I. Ferrin, 2005, Secular Light Curve of Comet 28P/Neujmin 1, and of Comets Targets of Spacecraft,

1P/Halley, 9P/Tempel 1, 19P/Borrelly, 21P/Grigg-Skejellerup, 26P/Giacobinni-Zinner, 67P/Chruyumov-Gersimenko, 81P/Wild 2, Icarus, 178, 493-516.

18.    I. Ferrin, 2004, Atlas das curvas de luz seculares dos cometas, PSS, 58, 365-391.

19.    R. A. Kerr, 2004, Did Jupiter and Saturn Team Up to Pummel the Inner Solar system?, Science, 306, 1676.

20.    M. Wolf, 1917, Eigenbewegungssterne, Astronomische Nachrichten (em alemão), 204, 345.

21.    Lista de Júpiteres Troianos, Centro de Planetas Menores da IAU,
Recuperado em 2010-10-24.

22.    T Quinn, S. Tremaine e M. Duncan, 1990, Planetary perturbations and the origins of short-period comets, Astrophysical Journal, Part 1, 355, 667-679.

23.    A. B. Bhattacharya, S. Joardar, R. Bhattacharya, A. Bhoumick, A. Nag, M. Debnath e D. Halder, 2010, Reception of Jovian radio signals in a tropical station, International Journal of Engineering Science and Technology, 2, 5704-5713.

24.    Staff, 2009, Amateur astronomer discovers Jupiter collision (Astrónomo amador descobre colisão de Júpiter), ABC News online.

25.    M. Salway, 2009, Breaking News: Possível impacto em Júpiter, captado por Anthony Wesley, IceInSpace, IceInSpace News.

26.    D. Overbye, 2009, Hubble Takes Snapshot of

Jupiter's 'Black Eye', New York Times.

27.	L. Grossman, 2009, Jupiter sports new 'bruise' from impact, New Scientist.

28.	K. Beatty, 2010, Another Flash on Jupiter!, Sky & Telescope, Sky Publishing.

29.	F. Marchis, 2012, Another fireball on Jupiter?, blogue Cosmic Diary.

30.	G. Hall, 2012, George's Astrophotography, recuperado em 17 de setembro de 2012.

31.	P. Nurmi, P M. J. Valtonen e J. Q. Zheng, 2001, Periodic variation of Oort Cloud flux and cometary impacts on the Earth and Jupiter, Mon. Not. R. Astron. Soc., 327, 1367-1376.

32.	Observatório Tuorla, Universidade de Turku, 20500 Piikkio", Finlândia Aceite em 2001 julho 18. Recebido em 5 de julho de 2001; na forma original em 9 de abril de 2001.

33.	S. V. M. Clube e W. M. Napier, 1984, Cepstrum Analysis of Terrestrial Impact Crater Records, MNRAS, 208, 575.

34.	P. Thaddeus e G. A. Chanan, 1985, Cometary impacts, molecular clouds, and the motion of the sun perpendicular to the galactic plane, Nature, 314, 73-75.

35.	M. E. Bailey, D. A. Wilkinson e A. W. Wolfendale, 1987, Mass extinction due to oscillation of Sun about the mid-galactic plane, MNRAS, 227, 863.

36.	M. Davis, P. Hut e R. A. Muller, 1984, Extinction of

species by periodic comet showers, Nature, 308, 715.

37. D. P. Whitmire e A. A. Jackson, 1984, Evolution: Interpretations of mass extinction, Nature, 308, 713.

38. J. J. Matese, P. G. Whitman e D. P. Whitmire, 1999, Evolution: Interpretations of mass extinction, Icarus, 141, 354.

39. J. J. Matese e D. P. Whitmire, 1986, Planet X and the Origins of the Shower and Steady State Flux of Short Period Comets, Icarus, 65, 37.

40. J. Byl, 1983, Galactic perturbations on nearly parabolic cometary orbits, The Moon and Planets, 29, 121-137.

41. J. A. Ferna'ndez e W.-H. Ip, 1991, em Newburn, R. L. Jr., Neugebauer, M. e Rahe, J., eds, Comets in the PostHalley Era, 1, 487.

42. J. J. Matese, P. G. Whitman, K. A. Innanen e M. J. Valtonen, Periodic Comet Flux by the Adiabatically Changing Galactic Tide, Icarus, 116, 255-268.

43. R. A. Lovett, 2006, Stardust's Comet Clues Reveal Early Solar system, National Geographic News.

44. T Nakamura e H. Kurahashi, 1998, Collisional Probability of Periodic Comets with the Terrestrial Planets: Um caso inválido de formulação analítica, Astronomical Journal, 115, 848-854.

45. S. Sharma, H. Om Vats, H. S. S. Sinha e H. Chandra, 2005, A comprehensive study of plasma density of

sporadic e layer and its association with meteor activity over Ahmedabad, in Proc. URSI GA.

46.	C. M. Dissanayake, M. N. Halgamug, Ramamohanarao e B. Moran, 2010, The Signal Propagation Effects on IEEE 802.15.4 Radio Link in Fire Environment, Information and Automation for Sustainability (ICIAFs), 2010 5th International Conference, 411 - 414.

47.	B. Lokanadham, G. Yellaiah, T R. Tyagi e L. Singh, 1988, TEC enhancement during periods of major meteor showers, Indian Journal of Radio and Space Physics, 17, 114116.

48.	T Dunker, U.-P. Hoppe, G. Stober e M. Rapp, 2013, "Development of the mesospheric Na layer at 69°N during the Geminids meteor shower 2010, Ann. Geophys, 31, 61-73.

49.	J.-P. Raulin e A. A. Pacini, 2005, Solar radio emissions, Adv. Space Res., 35, 739.

50.	T. Gold e F. Hoyle, 1960, On the origin of solar flares, Monthly Notices of the Royal Astronomical Society, 120, 89.

51. D.B. Melrose, 1980, The emission mechanisms for solar radio bursts, Space Science Reviews, 26, 3-38.

yes
**I want** morebooks!

Buy your books fast and straightforward online - at one of world's fastest growing online book stores! Environmentally sound due to Print-on-Demand technologies.

Buy your books online at
**www.morebooks.shop**

Compre os seus livros mais rápido e diretamente na internet, em uma das livrarias on-line com o maior crescimento no mundo! Produção que protege o meio ambiente através das tecnologias de impressão sob demanda.

Compre os seus livros on-line em
**www.morebooks.shop**

Printed by Books on Demand GmbH, Norderstedt / Germany